服装实用技术·应用提高

女裤制板推板与工艺

张宏坤　编著

中国纺织出版社

内 容 提 要

本书介绍了从制板、推板到编制工艺单的女裤制作过程。主要讲述了服装制图名词术语；我国女子服装标准的应用；女子人体尺寸数据分析；女裤（A体）的基础板型制图；圆弧腰的设计制作方法；不同弹性面料的圆弧腰女裤制图及制板规律分析；里料、口袋生产样板制图；5·2、5·3、5·3.3、5·4系列推板数值；制板中的常见问题及解决方法及女裤款式图的绘制等。

本书实用性强，是服装企业技术人员、制板师、生产管理者、服装店裁缝师傅、服装专业学生及广大服装爱好者的参考阅读书籍，也可作为服装院校的专业教材。

图书在版编目（CIP）数据

女裤制板推板与工艺 / 张宏坤编著 . -- 北京：中国纺织出版社，2021.3

（服装实用技术．应用提高）

ISBN 978-7-5180-5882-2

Ⅰ．①女… Ⅱ．①张… Ⅲ．①女服—裤子—服装量裁 Ⅳ．① TS941.717

中国版本图书馆 CIP 数据核字（2019）第 004842 号

责任编辑：亢莹莹　　责任校对：王蕙莹　　责任印制：王艳丽

中国纺织出版社出版发行

地址：北京市朝阳区百子湾东里 A407 号楼　邮政编码：100124

销售电话：010—67004422　传真：010—87155801

http://www.c-textilep. com

中国纺织出版社天猫旗舰店

官方微博 http://weibo.com/2119887771

北京通天印刷有限责任公司印刷　各地新华书店经销

2021 年 3 月第 1 版第 1 次印刷

开本：787 × 1092　1/16　印张：13

字数：170 千字　定价：58.00 元

前言

Preface

本人从事服装结构设计理论研究与实践应用已有40多年，曾在全国多家服装外贸、内销企业工作过，从事服装制板、技术培训、人员管理等工作。根据多年的服装工业制板实践经验，总结出一套服装快速制板方法，现编写成书，以供大家参考。书中所有生产板型，都是多年制板理论结合实践研究而来。本书服装制板方法最大的特点就是：学习简单、易上手，制板速度快，为服装企业节省时间，降低成本。

随着我国纺织服装行业的发展，从无弹面料到有弹面料的不断创新，服装也从肥大宽松的款式逐步发展到合体包身的款式，这就需要我们在服装结构设计理论上根据面料的改变而不断地更新制板方法。

本书介绍了从制板、推板到编制工艺单的女裤制作过程。主要讲述了服装制图名词术语；我国女子服装标准的应用；女子人体尺寸数据分析；女裤（A体）的基础板型制图；圆弧腰的设计制作方法；不同弹性面料的圆弧腰女裤制图及制板规律分析；里料、口袋生产样板制图；5·2、5·3、5·3.3、5·4系列推板数值；制板中的常见问题及解决方法及女裤款式图的绘制，并附女裤生产工艺单，裁剪统计明细表及班组工时记账单。

本书实用性强，是服装企业技术人员、制板师、生产管理者、服装店裁缝师傅、服装专业学生及广大服装爱好者的参考阅读书籍，也可作为服装院校的专业教材。希望广大服装专业人员及爱好者勤学多练，熟中生巧并做到举一反三，实现一次性制板，节省修板时间，提高效率，降低成本。

张宏坤

2021年1月

Contents

目录

第一章

女裤制图基础知识

第一节 女裤制图常用名词术语及代号与符号

在学习女裤制板之前，首先要了解一下女裤各部位的名称、术语、制图符号、代号及服装制板所用的工具。这样，在今后的学习中才能够更好地理解服装结构设计、制板制图等知识内容。

一、制图常用名词术语

在服装制板绘图过程中，经常需要使用服装专业术语，在我国南、北方的语言用词差异很大，同一个地区语言用词也有所不同，比如，裤子的前、后裆弧线南方地区称为前窿门、后窿门，北方地区称为前裆、后裆，在做服装外贸的企业里，又叫作前浪、后浪。作为服装设计制图、制板，最主要的是用于设计部门与生产车间的交流沟通形式，只要工艺大家能看明白、能够完全理解，就可以了。所以，为了让大家在学习过程中便于理解，我们把服装常用的专业术语列于表中，供大家参考，见表1–1。

表1–1 女裤制板绘图常用名词术语解释

名称	说明
裤长	指裤腰上口至脚口的长度尺寸，按侧缝垂直测量（含腰头宽）
腰围	指腰部最细处一周的产品尺寸
臀围	指臀部一周的产品尺寸
横裆围	指大腿根部一周的产品尺寸
中裆围	指裤管膝盖部位一周的产品尺寸，又称膝围（制板时我们用的是二分之一中裆围尺寸）
脚口	指裤脚口一周的产品尺寸，又称裤脚、下口（制板时我们用的是二分之一脚口尺寸）
立裆	指前裆直线与腰口线交点垂直至横裆线的尺寸，又称直裆、上裆
前裆弧线	指前裆弧线的长度，又称前浪、前窿门
后裆弧线	指后裆弧线的长度，又称后浪、后窿门
前小裆宽	指前门垂直线与横裆的焦点至小裆点的距离
后大裆宽	指后斜裆线与后裆线交点至大裆点的距离

续表

名称	说明
前落腰	指在前门中线上，从上平线下落至腰口的差数
前育克	指裤子前片腰口线向下剪开一部分布料，然后再把它接缝上
后育克	指裤子后片腰口线向下剪开一部分布料，然后再把它接缝上
内长	指裤子内侧横裆至脚口的长度，又称下裆线、里裆线
挺缝线	指裤子前、后片烫熨时留下的烫迹线条，又称烫迹线、裤中线
侧缝线	指裤子侧缝的缝合线
前门襟	指裤子前中线上拉链或钉扣的部位
裤襻	指裤腰上串皮带的小带子，又称襻带、裤耳
吃势	指合裤片或绱腰时，裤片所需抽缩进去的量
省	指裤片上缝合进去的死褶，称为省，又称省道、省缝、省位
褶	指裤片上打的活褶，又称褶裥
起翘	指在裤后腰往上翘起的一部分量
对位点	指裤片与裤片缝合时所需对准的刀口点和纸样上面的U形刀口
开刀	指将布料剪开后再二次缝合，又称分割
里襟	指裤子前门襟里垫布，又称门刀
困势	指后裆斜线的角度
展开	指将布料剪开，然后拉开一定的余量
抽褶	指将多加放出来的余量抽回去

二、制图代号与符号

制图符号是为了使制图便于识别与交流而制定的规范统一的制图标记，每一种都代表着约定俗成的意义，因此，了解这些符号对于读图与制图有着重要的意义，见表1-2、表1-3。

表1-2 服装制图代号表

名称	符号	名称	符号	名称	符号	名称	符号
衣长	*L*	袖长	*L*	裙长	*L*	裤长	*L*
胸围	*B*	领围	*N*	帽围	HS	腰围	*W*
肩宽	*S*	袖窿弧线	AH	乳高点	BP	臀围	*H*

表1-3 服装制图符号表

名称	符号	使用说明
细实线		表示制图的基础线，为粗实线的二分之一
粗实线		表示制图的轮廓线，宽度为0.05～0.1cm
等分线		用于将某部位划分成若干相等距离的线段，虚线宽度与细实线相同
点划线		表示裁片连折不裁开的线条，线条宽度与细实线相同
双点划线		用于裁片的折转部位，使用时两端均应是长线，线条宽度与细实线相同
虚线		用于表示背面的轮廓线和部位的缉缝线，线条粗细与细实线相同
垂直线		表示裁片两条线90°垂直相交
距离线		表示裁片某部位起始点之间的距离，箭头指示到部位轮廓线
省道线		表示裁片需收取省道的形状，一般用粗实线表示，裁片内部的省用细实线表示
褶位线		表示裁片收褶的工艺要求，用缩缝符号或图中符号表示
裥位线		表示裁片需要折叠进去的部分，斜线方向表示褶裥折叠方向
塔克线		表示裁片需缉塔克线的标志，图中实线表示塔克凸起部分，虚线表示缉线线迹
净样线		表示裁片是净尺寸，不包括缝头的标记
毛样线		表示裁片尺寸包括缝头的标记
经向线		表示服装材料布纹经向的标记，符号设置应与布纹经向平行
顺向线		表示服装材料表面毛绒顺向的标记，箭头方向应与毛绒顺向相同

续表

名称	符号	使用说明
正面线		用于指示服装材料正面一侧
反面号		用于指示服装材料反面一侧
对条		表示相关裁片条纹应一致的标记，符号的纵横线应对于布纹
对花		表示相关裁片对图案纹样的标记
对格		表示相关裁片格纹应一致的标记，符号的纵横线应对于布纹
格料号		表示面料的图案是方格或长方格的标记
斜料号		表示裁剪排料时要用斜料，面料倾斜度如30°角、45°角、60°角等
竖条号		表示面料图案是竖条的标记
拼接号		表示相邻裁片需拼接的标记
省略号		省略裁片某部位的标记，常用于长度较长而结构图中无法画出的部件
否定号		用于将图中制错的线条作废的标记
缩缝号		表示裁片某部位需用缝线抽缩的标记
归拔号		表示符号部位用熨斗归拢，使衣料纤维组织缩短，三线是略归，四线是中归，五线是强归
拔伸号		表示符号部位用熨斗拉伸，使衣料纤维组织伸长，三线是略拔，四线是中拔，五线是强拔
同等号	▲●◎ △○	表示相邻裁片的尺寸大小相同，根据使用次数，可选用图示各种标号或增设其他标号
影示号		表示某部位的对称式样
罗纹号		表示衣服下摆边、袖口等部位装罗纹边或松紧带的标记
明线号		表示衣服某部位表面缉明线的标记，实线表示衣片某部位的轮廓线，虚线表示缉线线迹
剖面线		表示部位结构剖面的标记

续表

名称	符号	使用说明
眼位	├──┤	表示衣服扣眼位置的标记
纽位	⊗	表示衣服纽扣位置的标记
刀口线	⊂═	表示裁片部位为缝制时需要对位而作出的对刀标记，张口一侧作在裁片轮廓线上
角度号	$\alpha°$	表示制图所需的角度
重叠号	✕	表示相关裁片交叉重叠部位的标记
计算公式	$\leftarrow \frac{W}{4}+1 \rightarrow$	表示这一部位或线段量度的计算公式

第二节　服装制图工具

一、尺子

（1）直尺：一般常用1m长或1.2m长的直尺，画较长的直线使用。

（2）袖窿尺：主要用于画袖窿、袖山、领口等较短的弧线。

（3）三角板：主要使用三角板上的角度，用于画直角、45°角、30°角、60°角和找角度。

（4）弯尺：主要画一些较长的弧线，如上衣的侧缝线，裤子大腿处的里裆线、侧缝线等。

（5）卷尺：主要用于测量服装尺寸数据。

（6）放码尺：专业的打板、放码直尺。

二、纸

（1）牛皮纸：一般常用250g ~400g的纸。

（2）白卡纸：两面都是白色的，一面有光亮，一面无光亮，一般常用250g~500g的纸。

（3）白板纸：一面白色，一面灰色，一般常用250g ~500g的纸。

三、笔

主要用于画图的笔有铅笔、自动铅笔、圆珠笔、橡皮等。

四、缝纫设备

（1）粉片：在布料上划线用。
（2）剪刀：用于裁剪纸板、裁剪布料。
（3）人台：在服装缝纫过程中人台用于成品样衣展示。
（4）胶条：用于人台上的部位划分。
（5）大头针：在人台上固定面料用。
（6）小剪刀：用于剪线头。
（7）8寸剪刀：用于开袋。
（8）平缝机：用于缝制服装。
（9）锁边机：用于服装锁边。
（10）电熨斗：用于打样整烫。
（11）烫台：用于整烫服装。

五、其他工具

（1）案板（制板操作台）：一般尺寸为1.8m×1.2m×0.8m。
（2）锥子：对于某一个点向下投影用。
（3）双面胶：用于拼接纸板。
（4）计算器：用于计算服装制板数据。
（5）订书机和订书钉：在拼接纸板时，起到固定纸板的作用和装订文件。
（6）起钉器：用于拆掉订书钉。
（7）笔记本：记录笔记。
（8）U型钳：用于打对位口。
（9）针式点线器：用于比较厚的纸板，向下投影弧线。
（10）打孔钳：用于在纸板上面打穿绳孔。
（11）壁纸刀：主要用于裁剪定位板。
（12）3mm冲子：主要用于打孔。
（13）胶板：主要用于打孔、扣板。

第三节 女裤制图部位与线条名称

以下将女裤制图中各部位名称以及点与线名称标识出来，供大家参考。

直腰女裤制图中点、线和各部位名称，如图1-1所示。

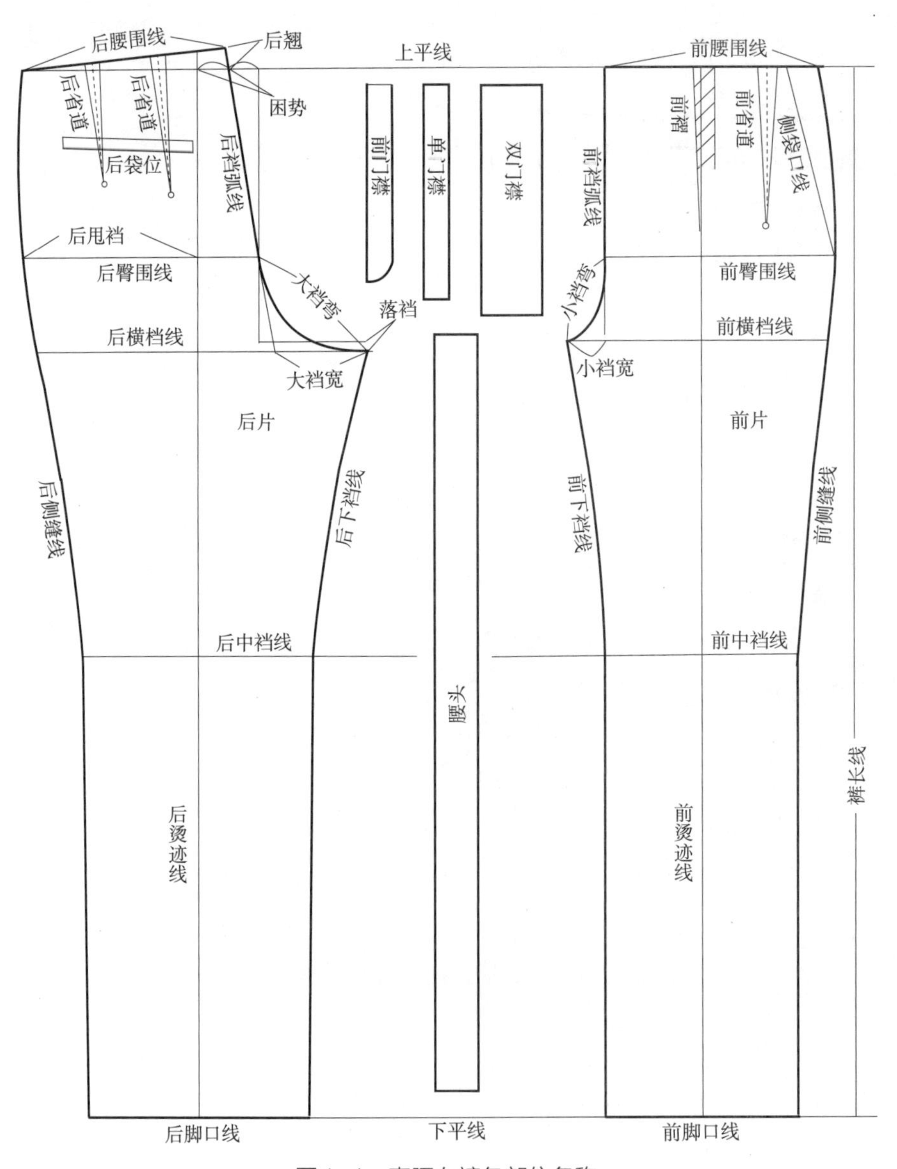

图1-1 直腰女裤各部位名称

圆弧腰女裤制图点、线条和部位名称，如图1-2～图1-4所示。

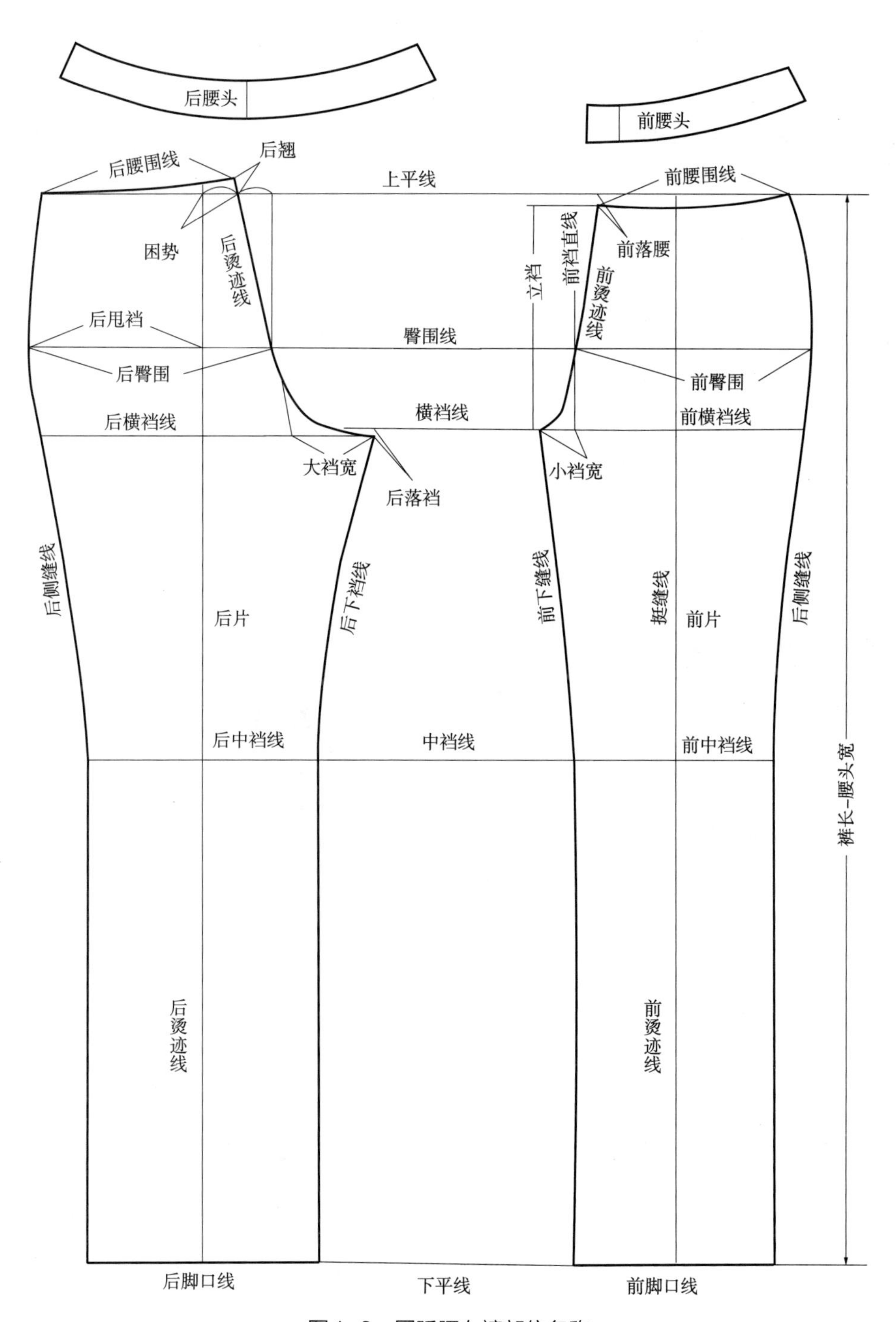

图1-2　圆弧腰女裤部位名称

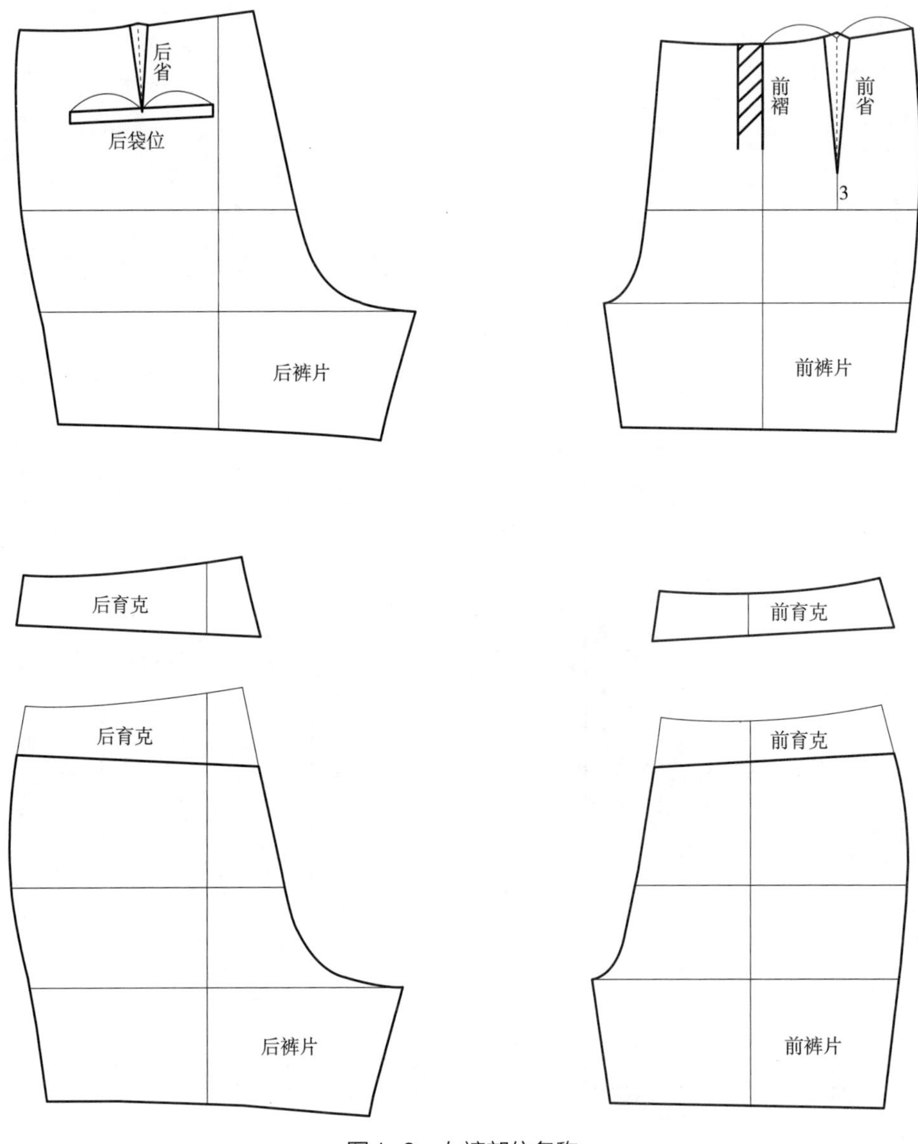

图1-3　女裤部位名称

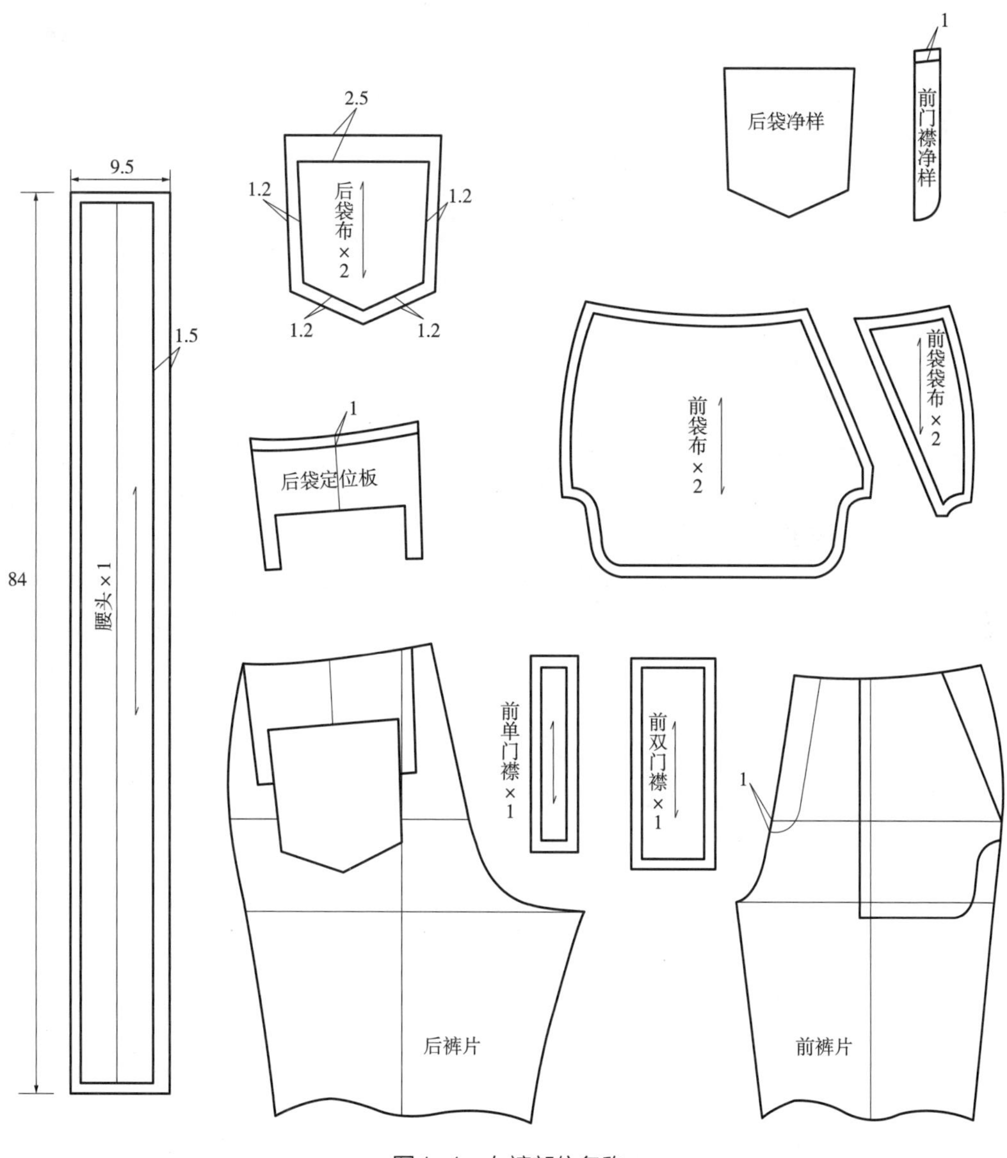
9.5
84
1.5
腰头×1
2.5
1.2
1.2
后袋布×2
1.2
1.2
1
后袋定位板
后袋净样
1
前门襟净样
前袋布×2
前袋袋布×2
后裤片
前单门襟×1
前双门襟×1
1
前裤片

图1-4 女裤部位名称

第二章

女裤号型标准及基本尺寸设定

第一节　GB/T 1335主要内容

GB/T 1335标准提供了以我国人体为依据的数据模型，这个数据模型采集了我国人体中与服装有密切关系的尺寸，基本上反映了我国人体的变化，具有广泛的代表性。

本标准适用的人体是指在数量上占我国人口的绝大多数，在体型特征上是人体各部位发育正常的体型。特别高大或矮小的，以及体型有缺陷的人，不包括在服装号型所指人体的范围内。

本标准是服装工业化、规模化和标准化生产的理论依据，为服装流通领域和消费者提供了可靠的科学依据。

本标准适用于制定成批生产的成年男子、成年女子和儿童服装规格，尽管各种服装款式（包括时装）的放松量各不相同，但是这些款式，这些放松量，都是针对特定的人体设计的。本标准提供的各种人体的数据模型是设计各种服装的依据，一旦确定了该款式的基本放松量之后，在组成系列的时候，就必须遵循本标准所规定的相关要求。只有这样，才是最科学、适应性最强的，才能达到有利于消费、有利于生产的目的。

GB/T 1335分为三个部分：

GB/T 1335.1《服装号型男子》

GB/T 1335.2《服装号型女子》

GB/T 1335.3《服装号型儿童》

GB/T 1335.2—2008《服装号型女子》标准所使用的人体测量部位的术语见表2-1。

表2-1　GB/T 1335.2—2008人体测量部位的术语

标准	测量部位术语									
GB/71335.2—2008	身高	颈椎点高	全臂长	腰围高	坐姿颈椎点高	颈围	胸围	腰围（最小腰围）	总肩宽	臀围

第二节　号型

一、号型定义

身高、胸围和腰围是人体的基本部位，也就是最有代表性的部位，用这些部位的尺寸来推算其他各部位的尺寸，误差最小，体型分类代号最能反映人的体型特征。用这些部位及体型分类代号作为服装成品规格的标志，消费者易接受，也方便服装生产和经营。为此，新标准确定将身高命名“号”，人体胸围和人体腰围及体型分类代号为“型”。

（一）号

“号”指人体的身高，以cm为单位表示，是设计服装长度的依据。人体身高与颈椎点高、坐姿颈椎点高、腰围高和全臂长等密切相关，它们随身高的增长而增长。例如，在标准表2-1～表2-18中，女子颈椎点高136cm，坐姿颈椎点高62.5cm，全臂长50.5cm，腰围高98cm，只能同160cm身高在一起，不可分割使用。

（二）型

“型”指人体的上体胸围或下体腰围，以cm为单位表示，是设计服装围度的依据。它们与臀围、颈围和总肩宽同样不可分割。如在标准表2-11中，女子胸围84cm必须与领围33.4cm、总肩宽39.4cm组合在一起，腰围66cm、68cm、70cm必须分别与臀围84.6cm、86.4cm、88.2cm组合在一起。

（三）体型分类

我国人体按4种体型分类，即Y、A、B、C型，它的根据是人体的胸腰落差，即净体胸围减掉净体腰围的差数。根据差数的大小，来确定体型的分类。如某女子的胸腰落差在19～24cm，那么该女子属于Y体型，某女子的胸腰落差在4～8cm，那么该女子的体型就是C型，见表2-2。

表2-2　中国女子人体4种体型的分类　　单位：cm

体型 / 性别	Y	A	B	C
女子胸腰差	24～19	18～14	13～9	8～4

号与型分别统辖长度和围度方面的各部位，体型代号Y、A、B、C则控制体型特征，我们必须让生产者、消费者、经营者都了解服装号型的关键要素即：身高、净胸围、净腰围和体型代号。

人群中，A和B体型较多，其次为Y体型，C体型较少 ，但具体到各个地区，其比例又有所不同，见表2-3。

表2-3 全国及分地区女子各体型所占的比例（%）

所占比例 体型 地区	Y	A	B	C	不属于所列4种体型
华北、东北	15.15	47.61	32.22	4.47	0.55
中西部	17.50	46.79	30.34	4.52	0.85
长江下游	16.23	39.96	33.18	8.78	1.85
长江中游	13.93	46.48	33.89	5.17	0.53
两广、福建	9.27	38.24	40.67	10.86	0.96
云、贵、川	15.75	43.41	33.12	6.66	1.06
全国	14.82	44.13	33.72	6.45	0.88

二、号型标志

GB 1335-11规定，成品服装上必须标明号、型，号、型之间用斜线分开，后接体型分类代号。例如，160/84A、160/80B。160表示身高为160cm，84表示净体胸围为84cm，体型代号A为胸腰落差（女子为18～14cm）。

号型标志也可以说是服装规格的代码。套装系列服装，上、下装必须分别有号型标志。

三、号型系列

把人体的号型进行有规则的分档排列即为号型系列，在标准中规定身高5cm分档；胸围以4cm、3cm、2cm分档，组成5·4系列、5·3系列和5·2系列。上装采用5·4系列、5·3系列。下装采用5·4系列、5·3系列和5·2系列。在新的标准中增加了上下装配套的内容，在与5·4系列配套使用时，为了满足腰围分档间距不宜过大的要求，将5·4系列按半档排列，组成5·2系列。在上、下装配套时，上装可以在系列表（表2-5～表2-8）中按需选一档胸围尺寸，下装可选用一档腰围尺寸。做裤子或裙子也可按系列表（表2-5～表2-8）选二或三档腰围尺寸，分别做2或3条裤子或裙子。例如：160/84A号型，它的净体胸围为84cm，由于是A体型，它的胸腰落差为18～14cm，所以腰围尺寸应是84cm−18cm=66cm和84cm−14cm=70cm之间，即腰围为66cm、67cm、68cm、69cm、70cm。我们选用腰围分档数为2，那么可以选用66cm、68cm、70cm这3个尺寸，也就是说，如果在为上、下装配套时，可以根据84型在上述3个腰围尺寸中任选，见表2−4。

表2−4　成人号型系列分档范围和分档间距表　　单位：cm

号型		女	分档间距
		155～175	5
胸围	Y型	72～96	3和4
	A型	72～96	3和4
	B型	68～104	3和4
	C型	68～108	3和4
腰围	Y型	50～76	2、3和4
	A型	54～84	2、3和4
	B型	56～94	2、3和4
	C型	60～102	2、3和4

第三节　号型系列尺寸设定及应用

一、号型系列尺寸设定

5·4、5·2Y号型系列，见表2−5。

表2−5　女子Y体服装号型　　单位：cm

身高 / 腰围 / 胸围	155		160		165		170		175		180	
72	50	52	50	52								
76	54	56	54	56	54	56						
80	58	60	58	60	58	60	58	60				
84	62	64	62	64	62	64	62	64	62	64		
88	66	68	66	68	66	68	66	68	66	68	66	68
92	70	72	70	72	70	72	70	72	70	72	70	72
96	74	76	74	76	74	76	74	76	74	76	74	76
100			78	80	78	80	78	80	78	80	78	80

5・4、5・2A号型系列，见表2-6。

表2-6 女子A体服装号型 单位：cm

身高 腰围 胸围	155			160			165			170			175			180		
72	54	56	58	54	56	58												
76	58	60	62	58	60	62	58	60	62									
80	62	64	66	62	64	66	62	64	66	62	64	66						
84	66	68	70	66	68	70	66	68	70	66	68	70	66	68	70			
88	70	72	74	70	72	74	70	72	74	70	72	74	70	72	74	70	72	74
92	74	76	78	74	76	78	74	76	78	74	76	78	74	76	78	74	76	78
96	78	80	82	78	80	82	78	80	82	78	80	82	78	80	82	78	80	82
100				82	84	86	82	84	86	82	84	86	82	84	86	82	84	86

5・4、5・2B号型系列，见表2-7。

表2-7 女子B体服装号型 单位：cm

身高 腰围 胸围	155		160		165		170		175		180	
68	56	58	56	58								
72	60	62	60	62	60	62						
76	64	66	64	66	64	66						
80	68	70	68	70	68	70	68	70				
84	72	74	72	74	72	74	72	74	72	74		
88	76	78	76	78	76	78	76	78	76	78	76	78
92	80	82	80	82	80	82	80	82	80	82	80	82
96	84	86	84	86	84	86	84	86	84	86	84	86
100	88	90	88	90	88	90	88	90	88	90	88	90
104			92	94	92	94	92	94	92	94	92	94
108					96	98	96	98	96	98	96	98

5・4、5・2C号型系列，见表2-8。

表2-8　女子C体服装号型　　单位：cm

腰围＼身高 胸围	145		150		155		160		165		170		175		180	
68	60	62	60	62	60	62										
72	64	66	64	66	64	66	64	66								
76	68	70	68	70	68	70	68	70								
80	72	74	72	74	72	74	72	74	72	74						
84	76	78	76	78	76	78	76	78	76	78	76	78				
88	80	82	80	82	80	82	80	82	80	82	80	82				
92	84	86	84	86	84	86	84	86	84	86	84	86	84	86		
96			88	90	88	90	88	90	88	90	88	90	88	90	88	90
100			92	94	92	94	92	94	92	94	92	94	92	94	92	94
104					96	98	96	98	96	98	96	98	96	98	96	98
108							100	102	100	102	100	102	100	102	100	102
112									104	106	104	106	104	106	104	106

二、号型控制部位尺寸

控制部位数值是指人体主要部位的数值（系净体数值），是设计服装规格的依据。5・4、5・3、5・2号型系列Y、A、B、C体型控制部位数值，见表2-9～表2-16。

表2-9　女子5·4、5·2Y号型系列控制部位数值　　单位：cm

Y																
部位	数值															
身高	145		150		155		160		165		170		175		180	
颈椎点高	124		128		132		136		140		144		148		152	
坐姿颈椎点高	56.5		58.5		60.5		62.5		64.5		66.5		68.5		70.5	
全臂长	46		47.5		49		50.5		52		53.5		55		56.5	
腰围高	89		92		95		98		101		104		107		110	
胸围	72		76		80		84		88		92		96		100	
颈围	31		31.8		32.6		33.4		34.2		35		35.8		36.6	
总肩宽	37		38		39		40		41		42		43		44	
腰围	50	52	54	56	58	60	62	64	66	68	70	72	74	76	78	80
臀围	77.4	79.2	81	82.8	84.6	86.4	88.2	90	91.8	93.6	95.4	97.2	99	100.8	102.6	104.4

表2-10 女子5·3Y号型系列控制部位数值 单位：cm

Y										
部位	数值									
身高	145	150	155	160	165	170	175	180		
颈椎点高	124	128	132	136	140	144	148	152		
坐姿颈椎点高	56.5	58.5	60.5	62.5	64.5	66.5	68.5	70.5		
全臂长	46	47.5	49	50.5	52	53.5	55	56.5		
腰围高	89	92	95	98	101	104	107	110		
胸围	72	75	78	81	84	87	90	93	96	99
颈围	31	31.6	32.2	32.8	33.4	34.0	34.6	35.2	35.8	36.4
总肩宽	37.4	38.15	38.9	39.65	40.4	41.15	41.9	42.65	43.4	44.15
腰围	51	54	57	60	63	66	69	72	75	78
臀围	78.3	81	83.7	86.4	89.1	91.8	94.5	97.2	99.9	102.6

表2-11 女子5·4、5·2A号型系列控制部位数值 单位：cm

A																		
部位	数值																	
身高	155			160			165			170			175			180		
颈椎点高	132			136			140			144			148			152		
坐姿颈椎点高	60.5			62.5			64.5			66.5			68.5			70.5		
全臂长	49.0			50.5			52.0			53.5			55.0			56.5		
腰围高	95			98			101			104			107			110		
胸围	80			84			88			92			96			100		
颈围	32.8			33.6			34.4			35.2			36.0			36.8		
总肩宽	38.4			39.4			40.4			41.4			42.4			43.4		
腰围	66	68	70	72	74	76	78	80	82	84	86	88	90	92	94	96	98	100
臀围	84.6	86.4	88.2	88.2	90	91.8	91.8	93.6	95.4	95.4	97.2	99	99	100.8	102.6	102.6	104.4	106.2

表2-12　女子5·3A号型系列控制部位数值　　单位：cm

A								
部位	数值							
身高	145	150	155	160	165	170	175	180
颈椎点高	124	128	132	136	140	144	148	152
坐姿颈椎点高	56.5	58.5	60.5	62.5	64.5	66.5	68.5	70.5
全臂长	46	47.5	49	50.5	52	53.5	55	56.5
腰围高	89	92	95	98	101	104	107	110

部位	数值									
胸围	72	75	78	81	84	87	90	93	96	99
颈围	31.2	31.8	32.4	33	33.6	34.2	34.8	35.4	36	36.6
总肩宽	36.4	37.15	37.90	38.65	39.4	40.15	40.9	41.65	42.4	43.15
腰围	56	59	62	65	68	71	74	77	80	83
臀围	79.2	81.9	84.6	87.3	90	92.7	95.4	98.1	100.8	103.5

表2-13　女子5·4、5·2B号型系列控制部位数值　　单位：cm

B								
部位	数 值							
身高	145	150	155	160	165	170	175	180
颈椎点高	124	128	132	136	140	144	148	152
坐姿颈椎点高	56.5	58.5	60.5	62.5	64.5	66.5	68.5	70.5
全臂长	46	47.5	49	50.5	52	53.5	55	56.5
腰围高	89	92	95	98	101	104	107	110

部位	数值										
胸围	68	72	76	80	84	88	92	96	100	104	108
颈围	30.6	31.4	32.2	33	33.8	34.6	35.4	36.2	37	37.8	38.6
总肩宽	34.8	35.8	36.8	37.8	38.8	39.8	40.8	41.8	42.8	43.8	44.8

部位	数值																					
腰围	56	58	60	62	64	66	68	70	72	74	76	78	80	82	84	86	88	90	92	94	96	98
臀围	78.4	80	81.6	83.2	84.8	86.4	88	89.6	91.2	92.8	94.4	96	97.6	99.2	100.8	102.4	104	105.6	107.2	108.8	110.4	112

表2-14　女子5·3B号型系列控制部位数值　　单位：cm

B														
部位	数值													
身高	145	150		155		160	165		170		175		180	
颈椎点高	124	128		132		136	140		144		148		152	
坐姿颈椎点高	56.5	58.5		60.5		62.5	64.5		66.5		68.5		70.5	
全臂长	46	47.5		49		50.5	52		53.5		55		56.5	
腰围高	89	92		95		98	101		104		107		110	
胸围	69	72	75	78	81	84	87	90	93	96	99	102	105	108
颈围	30.8	31.4	32	32.6	33.2	33.8	34.4	35	35.6	36.2	36.8	37.4	38	38.6
总肩宽	35.1	35.85	36.6	37.35	38.1	38.85	39.6	40.35	41.1	41.85	42.6	43.35	44.1	44.85
腰围	58	61	64	67	70	73	76	79	82	85	88	91	94	97
臀围	80	82.4	84.8	87.2	89.6	92	94.4	96.8	99.2	101.6	104	106.4	108.8	111.2

表2-15　女子5·4、5·2C号型系列控制部位数值　　单位：cm

C																						
部位	数值																					
身高	150			155			160			165			170			175			180			
颈椎点高	128			132			136			140			144			148			152			
坐姿颈椎点高	58.5			60.5			62.5			64.5			66.5			68.5			70.5			
全臂长	47.5			49.0			50.5			52.0			53.5			55.0			56.5			
腰围高	92			95			98			101			104			107			110			
胸围	72		76		80		84		88		92		96		100		104		108		112	
颈围	31.6		32.4		33.2		34		34.8		35.6		36.4		37.2		38		38.8		39.6	
总肩宽	35.2		36.2		37.2		38.2		39.2		40.2		41.2		42.2		43.2		44.2		45.2	
腰围	64	66	68	70	72	74	76	78	80	82	84	86	88	90	92	94	96	98	100	102	104	106
臀围	81.6	83.2	84.8	86.4	88	89.6	91.2	92.8	94.4	96	97.6	99.2	100.8	102.4	104	105.6	107.2	108.8	110.4	112	113.6	115.2

表2-16 女子5·3C号型系列控制部位数值 单位：cm

C														
部位	数值													
身高	150		155		160		165		170		175		180	
颈椎点高	128		132		136		140		144		148		152	
坐姿颈椎点高	58.5		60.5		62.5		64.5		66.5		68.5		70.5	
全臂长	47.5		49		50.5		52		53.5		55		56.5	
腰围高	92		95		98		101		104		107		110	
胸围	72	75	78	81	84	87	90	93	96	99	102	105	108	111
颈围	31.6	32.2	32.8	33.4	34.0	34.6	35.2	35.8	36.4	37	37.6	38.2	38.8	39.4
总肩宽	35.25	36	36.75	37.5	38.25	39	39.75	40.5	41.25	42	42.75	43.5	44.25	45
腰围	66	69	72	75	78	81	84	87	90	93	96	99	102	105
臀围	83.2	85.6	88	90.4	92.8	95.2	97.6	100	102.4	104.8	107.2	109.6	112	114.4

三、号型应用

（一）号型对于个人的应用

对于每一个人要知道自己穿衣的号型，首先要了解自己属于哪一种体型，然后看身高和净体胸围（腰围）是否和号型设置一致。如果一致则可对号入座，如有差异则采用进距靠拢法，具体数值见表2–17。

表2–17 进距靠拢数据 单位：cm

身高	162.5～163～167	167.5～168～172	172.5～173～177	177.5……
选用尺寸	165	170	175	……
胸围	82～83～85	86～87～89	90～91～93	94……
选用尺寸	84	88	92	……

考虑到服装造型和穿着习惯，对于个人体型矮胖或瘦高的人，也可选大一档的号或大一档的型。

（二）号型对于企业的应用

号型对服装企业来说是进行服装设计的依据，在选择和应用号型系列时应注意以下几点：

（1）必须从标准规定的各系列中选用适合本地区的号型系列。

（2）无论选用哪个系列，必须考虑每个号型适应本地区的人口比例和市场需求的情况，相应安排生产数量。

（3）为了满足各部分人的穿着需要，标准中规定的号型不够用时，也可扩大号型设置范围，以满足小部分人的要求。扩大号型范围时，应按各系列所规定的分档数和系列数进行。

第四节　中间体

一、中间体设置

根据大量实测的人体数据，通过计算求出均值，即为中间体。它反映了我国女子成人各类体型的身高、胸围、腰围等部位的平均水平，据有一定的代表性。在设计服装规格时必须以中间体为中心，按一定分档数值，上下、左右推档组成规格系列。但中心号型是指在人体测量的总数中占有最大比例的体型，国家设置的中间号型，是指全国范围而言。各个地区的情况会有差别，所以对中心号型的设置应该根据各地不同情况及产品的销售方向而定，不宜照搬，但规定的系列不能变。中间体的尺寸设置见表2-18。

表2-18　女子体型的中间体设置　　单位：cm

体　型		Y	A	B	C
女子	身高	160	160	160	160
	胸围	84	84	88	88

二、中间体控制部位档差数值

女子各体型中间体档差控制数值见表2-19～表2-22。

表2-19　女子Y体型中间体档差控制数值表

单位：cm

体型	Y									
部位	中间体		5·4系列		5·3系列		5·2系列		身高、腰围每增减1cm	
	计算数	采用数	计算数	采用数	计算数	采用数	计算数	采用数	计算数	采用数
身高	160	160	5	5	5	5	5	5	1	1
腰围高	98.2	98	3.34	3	3.34	3	3.34	3	0.67	0.6
腰围	63.6	64	4	4	3	3	2	2	1	1
臀围	89.2	90	3.12	3.6	2.39	2.7	1.56	1.8	0.78	0.9

表2-20　女子A体型中间体档差控制数值表

单位：cm

体型	A									
部位	中间体		5·4系列		5·3系列		5·2系列		身高、腰围每增减1cm	
	计算数	采用数	计算数	采用数	计算数	采用数	计算数	采用数	计算数	采用数
身高	160	160	5	5	5	5	5	5	1	1
腰围高	98.1	98	3.37	3	3.37	3	3.37	3	0.68	0.6
腰围	68.2	68	4	4	3	3	2	2	1	1
臀围	90.9	90	3.18	3.6	2.39	2.7	1.59	1.8	0.8	0.9

表2-21　女子B体型中间体档差控制数值表

单位：cm

体型	B									
部位	中间体		5·4系列		5·3系列		5·2系列		身高、腰围每增减1cm	
	计算数	采用数	计算数	采用数	计算数	采用数	计算数	采用数	计算数	采用数
身高	160	160	5	5	5	5	5	5	1	1
腰围高	98	98	3.34	3	3.34	3	3.33	3	0.67	0.6
腰围	76.6	78	4	4	3	3	2	2	1	1
臀围	94.8	96	3.27	3.2	2.42	2.4	1.64	1.6	0.82	0.8

表2-22 女子C体型中间体档差控制数值表 单位：cm

体型	C									
部位	中间体		5·4系列		5·3系列		5·2系列		身高、腰围每增减1cm	
	计算数	采用数	计算数	采用数	计算数	采用数	计算数	采用数	计算数	采用数
身高	160	160	5	5	5	5	5	5	1	1
腰围高	98.2	98	3.27	3	3.37	3	3.27	3	0.65	0.6
腰围	81.9	82	4	4	3	3	2	2	1	1
臀围	96	96	3.33	3.2	2.42	2.4	1.67	1.6	0.83	0.8

三、中间体各系列分档数值（表2-23）

表2-23 女子下装5·4、5·2系列中间体控制部位数值和各系列分档数值 单位：cm

<table>
<tr><th rowspan="2">控制部位</th><th colspan="4">中间体</th><th colspan="4">分档值</th></tr>
<tr><th>Y型</th><th>A型</th><th>B型</th><th>C型</th><th colspan="2">5·4系列</th><th colspan="2">5·2系列</th></tr>
<tr><td>身高</td><td>160</td><td>160</td><td>160</td><td>160</td><td colspan="2">5</td><td colspan="2">5</td></tr>
<tr><td>腰围高</td><td>98</td><td>98</td><td>98</td><td>98</td><td colspan="2">3</td><td colspan="2">3</td></tr>
<tr><td>腰围</td><td>64</td><td>68</td><td>78</td><td>82</td><td colspan="2">4</td><td colspan="2">2</td></tr>
<tr><td>臀围</td><td>90</td><td>90</td><td>96</td><td>96</td><td rowspan="2">Y、A体型
3.6</td><td rowspan="2">B、C体型
3.2</td><td rowspan="2">Y、A体型
1.8</td><td rowspan="2">B、C体型
1.6</td></tr>
<tr><td>各体型腰臀差4</td><td>26</td><td>22</td><td>18</td><td>14</td></tr>
</table>

第五节 女裤基本尺寸设定

一、女裤长度尺寸的计算与测量

以下提供的裤子长度尺寸，是一般正常的市场销售尺寸，在实际制板中，要根据当时的市场需求而定，见表2-24。

表2-24　女裤长度尺寸的计算与测量　　单位：cm

名称	裤长占人体身高比例（%）	测量标准
长裤	64.7	可穿半高跟鞋
长裤	62.5	可穿平底鞋
9分裤	60	至踝骨
7分裤	40	中裆下8cm
短裤	19	横裆下5cm左右
长裙裤	60	至踝骨

二、女裤腰围、臀围放松量的设定

（1）女裤的腰围一般设定要小一点，因为现在大部分女裤都没有裤襻，又不系腰带。如果腰围设定过大，当消费者穿着时，裤子会向下掉，这样会给消费者造成很大的不便。

（2）臀围设定是按照最基本的放松量2cm加放的，是在无弹面料里最合体的尺寸，见表2-25。

表2-25　女裤腰围与臀围加放松量参考表　　单位：cm

面料 / 加放量 / 名称	紧身（高弹针织）	紧身（高弹）	贴体（中弹）	合体（微弹）	合体（无弹）	较合体（无弹）	备注
腰围	-1	-1	-1	-1	-1	-1	女裤的特点：圆弧腰，横裆以上合体，主要以弹性面料为主
臀围	-4	-3	-2	-1～0	1～2	3～4	

三、女裤中间号型尺寸设定

以下尺寸设定是以160/68A为依据，无弹面料，穿着合体的女裤，腰围减1cm，臀围加最小放松量2cm，裤长度设定为可穿半高跟鞋，见表2-26。

（1）裤长：身高160cm×64.7%=103.5cm（各体型裤长尺寸相同）。

（2）腰围：净腰围68cm-1cm=67cm。

（3）臀围：净臀围90cm+2cm=92cm。

表2-26 女裤中间号型对照参考表 单位：cm

尺寸 型号 部位	160/64Y	160/68A	160/80B	160/84C
裤长	100	100	100	100
腰围	63	67	77	81
臀围	92	92	98	98

第三章

女裤基础板型制图

服装企业在生产服装时，生产车间需要的样板叫净板，包括前道工序所需要的做袋的净板、定位板；做门襟、做腰头的净板等；后道工序所需要的大烫净板、锁眼、钉扣的定位板等。裁剪部门（裁剪房）需要的样板叫毛板，即净板加缝份。

制板工序：设计图样—扒板测量—分析结构—制作净板—核对尺寸—补省零件—开刀放缝—镜像修角—净线配置—扣制净板—打孔定位—剪裁样板—裁剪样布—单件打样—检验调整—修订样板—按号推制—净板毛板—注明号型、纱向板号。

手工制板八大要素：制板精细、扒板量准、推板均匀、踏板整齐、抠板稳重、剃板线里、配板准确、剪板顺直。

第一节　直腰女裤（无弹）尺寸设定与制图

一、直腰女裤尺寸的设定

以160/84A为净体尺寸，身高160cm，腰围68cm，臀围90cm设定女裤制图尺寸。

（1）裤长：一般为“号”（身高）的62.5%左右，即160cm×62.5%=100cm（可穿平底鞋）。

（2）腰围：68cm-1cm（收紧量）=67cm，比较合体。

（3）臀围：90cm+2cm（基础松量）=92cm，比较合体。

（4）中裆：按照实际需求而定，暂定为20.5cm（中裆尺寸为二分之一中裆围）。

（5）脚口：按照实际需求而定，暂定为20cm（脚口尺寸为二分之一脚口围）。

（6）立裆：设定为21.5cm（前落腰为1cm）。

（7）腰头宽：设定为3.5cm。

（8）无弹面料，直腰裤片腰口加2cm吃势。

以上尺寸是制作服装板型的必备数据，缺一不可，见表3-1。

表3-1　直筒女裤（无弹）成品尺寸　　单位：cm

部位 尺寸 号/型	裤长（L）	腰围（W）	臀围（H）	中裆	脚口	立裆	腰口吃势	腰头宽
160/68A	100	67	92	20.5	20	21.5	2	3.5

二、各部位尺寸比例分配

尺寸设定好以后，要对裤各部位制板尺寸进行比例分配，见表3-2。

表3-2　主要部位尺寸比例分配数值　　单位：cm

序号	部位	公式	尺寸	序号	部位	公式	尺寸
①	裤长	*L*-3.5（腰头宽）	96.5	⑨	前脚口	脚口-2	18
②	立裆	25（定寸）-3.5（腰头宽）	21.5	①	后甩裆	0.19*H*	17.5
③	臀围高	7.5～9	8.5	②	后臀围	0.26*H*	23.9
④	中裆高	29～32	31	②	后腰围	0.257*W*+0.5+2（省）	19.7
⑤	前臀围	0.24*H*	22.1	④	大裆宽	0.1*H*	9.2
⑥	小裆宽	0.039*H*	3.6	⑤	后中裆	中裆+2	22.5
⑦	前腰围	0.243*W*+0.5+2（省）	18.8	⑥	后脚口	脚口+2	22
⑧	前中裆	中裆-2	18.5	⑦	后裆困势高	定寸	22.5

注：以上数据为我国女子直腰裤原始比例数据（现在制作职业装可以使用）。

三、直腰女裤制图

本书服装制板使用的是几何制图法，几何制图法在工业服装制板中对于结构的分配与结构数据分析更加准确、快捷。数据已经分配完毕，根据分配好的基础尺寸数据，就可以制图了，一些小的数据，可以参照实际图纸（图3-1～图3-4）。

（一）前片板型制图步骤（图3-1）

（1）上平线：从左至右做一条水平直线，为上平线。

（2）垂直基础线：在右边再做一条从上至下的竖直直线，为垂直基础线。

（3）前腰口线：上平线向下量取1cm（前落腰）做平行线，为前腰口线。

（4）横裆线：前腰口线向下21.5cm（立裆）做平行线，为横裆线。

（5）臀围线：横裆线向上量取8.5cm（臀围高）做平行线，为臀围线。

（6）中裆线：横裆线向下量取31cm（中裆高）做平行线，为中裆线。

（7）下平线：从上平线向下量取96.5cm（裤长）做平行线，为下平线。

（8）前中线：从右边垂直基础线向左量取22.1cm（前臀围大）前臀围点处做平行线，为前中线。

（9）小裆点：从前中线向左3.6cm（小裆宽）在前横裆线上找一个点，为小裆点。

（10）前烫迹线：从小裆点到右侧垂直基础线将横裆线二等分，从中间点做竖直垂线为前烫迹线。

（11）前腰点：从前烫迹线向左7.7cm（0.1+0.8cm省+0.2cm吃势）在腰围线上找一个点，为前腰点。

（12）前腰口侧缝点：从前腰点向右量18.8cm（0.243*W*+0.5cm吃势+2cm省）连接至上平线，交点为前腰口侧缝点。

（13）前裆弧线：将前腰点用直线连接前臀围点，再用弧线连接小裆点，为前裆弧线。

（14）前中裆：前烫迹线与中裆线交点向左右两边各量取9.25cm，为中裆。

（15）前脚口：前烫迹线与下平线交点向左右两边各量取9cm，为前脚口。

（16）前下裆线：将小裆点、左中裆点、左脚口点用弧线连接，为前下裆线。

（17）前侧缝线：将前腰口侧缝点、臀围侧缝点、右中裆点、右脚口点用弧线连接，为前侧缝线。

（18）前省：前烫迹线与前腰口线交点向左0.6cm找一点，在该点处向右2cm再找一点，两点之间距离为前省。

（二）后片板型制图步骤（图3-1）

后片制图要比前片制图省事，因为有五条线可以与前片共用（上平线、臀围线、横裆线、中裆线、下平线）。

（1）后烫迹线：前烫迹线向左50～60cm做一条平行线，作为后片的烫迹线。

（2）后臀围大：臀围线与后烫迹线交点向左量17.5cm（0.19*H*）为后甩裆；从后甩裆左端点向右量23.9cm（0.26*H*），为臀围大。

（3）困势点：后臀围大减后甩裆尺寸等于后困势，后困势上平线二分之一点处为困势点。

（4）后横裆线：前横裆线下落1cm做平行线，为后横裆线。

（5）斜裆线：从困势点用直线连接臀围右侧点，延长至后横裆线，为斜裆线。

（6）后翘高：斜裆线与上平线的交点向上延伸2cm，为后翘高，一般为0.08×立裆，。

（7）后腰围线：从后翘高点向左量取19.7cm（0.257*W*+0.5cm吃势+2cm省），连接至上平线，为后腰围线，交点为后腰口侧缝点。

（8）后省：将后腰围线两等分，过中点做垂直线至臀围线，距臀围线6～7cm处为后省尖点，过中线左右各取1cm设点，分别与后省尖点连接，为后省。将后腰口线做成弧线。

（9）大裆点：从后横裆线与后斜裆线交点向右量取9.2cm（*H*/10），为大裆点。

（10）后裆弧线：用弧线将大裆点与后臀围点连接，大裆点至后翘高点为后裆弧线。

（11）后中裆：后烫迹线与中裆线交点向左右两边各量取11.25cm，为后中裆。

（12）后脚口：后烫迹线与下平线交点向左右两边各量取11cm，为后脚口。

（13）后下裆线：将大裆点、右中裆点、右脚口点用弧线连接，为后下裆线。

（14）后侧缝线：将后腰口侧缝点、后臀围侧缝点左中裆点、左脚口点用弧线连接，为后侧缝线。

（三）检验前、后腰围线圆顺度

前、后裤片绘图完成以后，一定要检查腰围线的圆顺度。将前、后腰腰围线做拼接保证腰口圆顺；侧缝拼接，检查腰围线后片侧缝长度要比前侧缝长度长，弹性面料0.2～0.3cm吃势，无弹性面料0.3～0.5cm吃势，如图3-2所示。

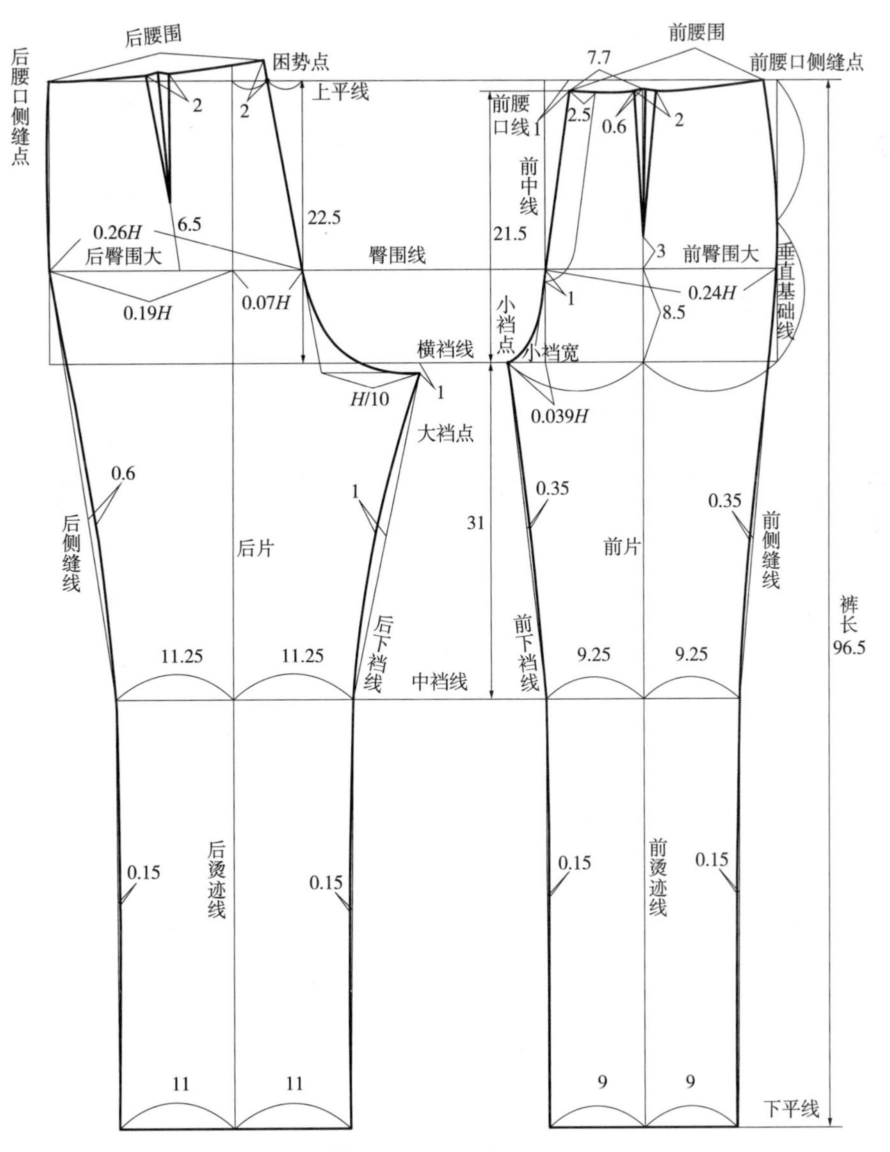

图3-1　前、后片制图

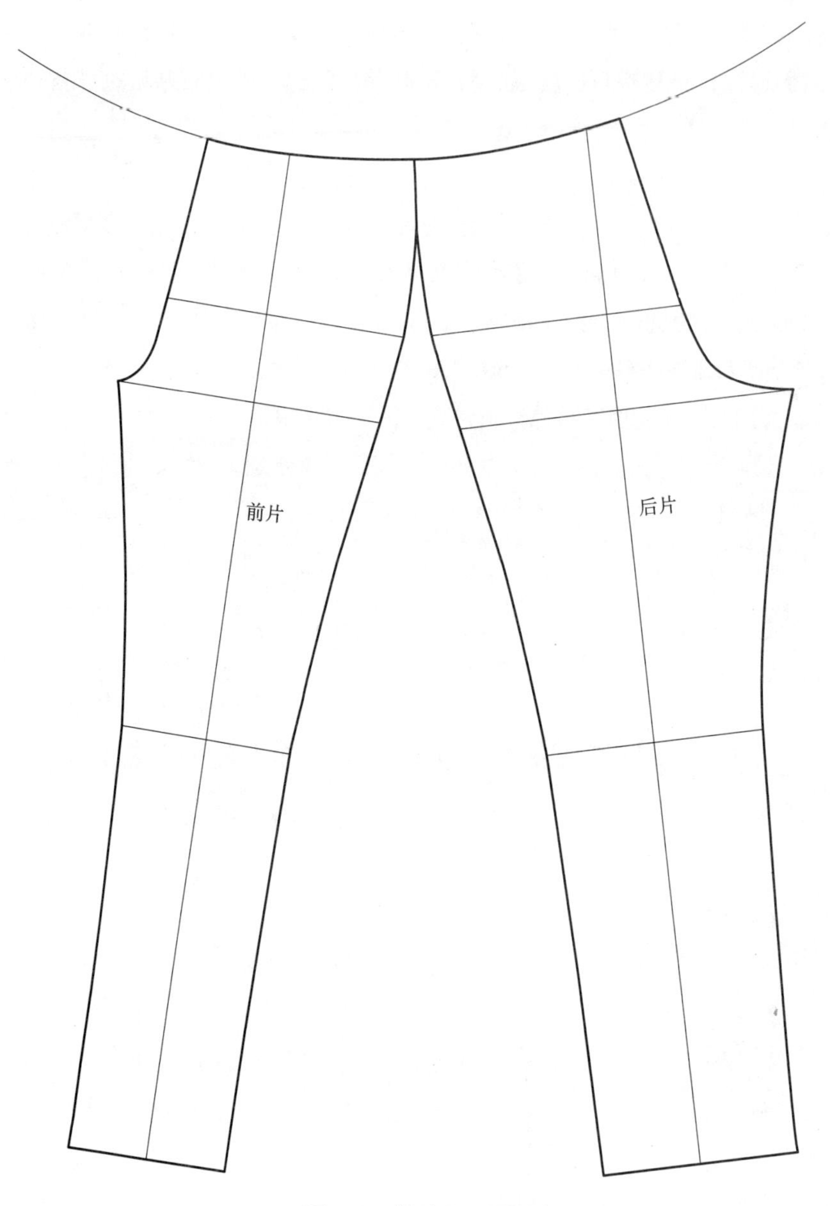

图3-2 检验腰口圆顺度

（四）配裆

前、后裆弧线缝拼合后一定要圆顺，后下裆线比前下裆线要短0.3～0.5cm，如图3-3所示。

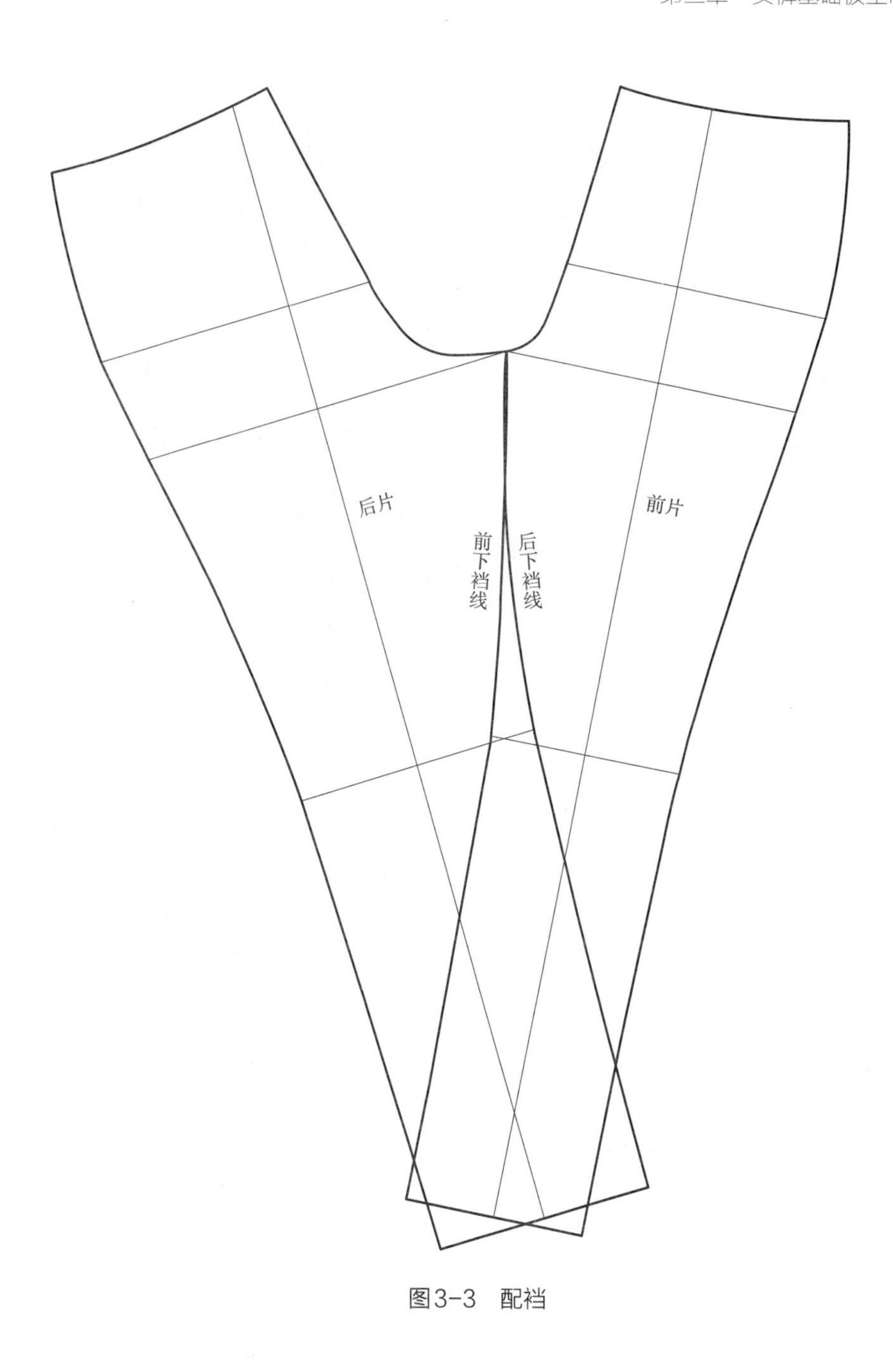

图3-3　配裆

（五）拉链止点与裤片放缝

前臀围线向下量取1cm为前门襟装拉链止点。

脚口放缝，化纤面料放缝3.5cm，毛料放缝4cm，腰头下方放缝1～1.5cm（根据工艺要求而定）。其他部位放缝均为1.1cm，如图3-4所示。

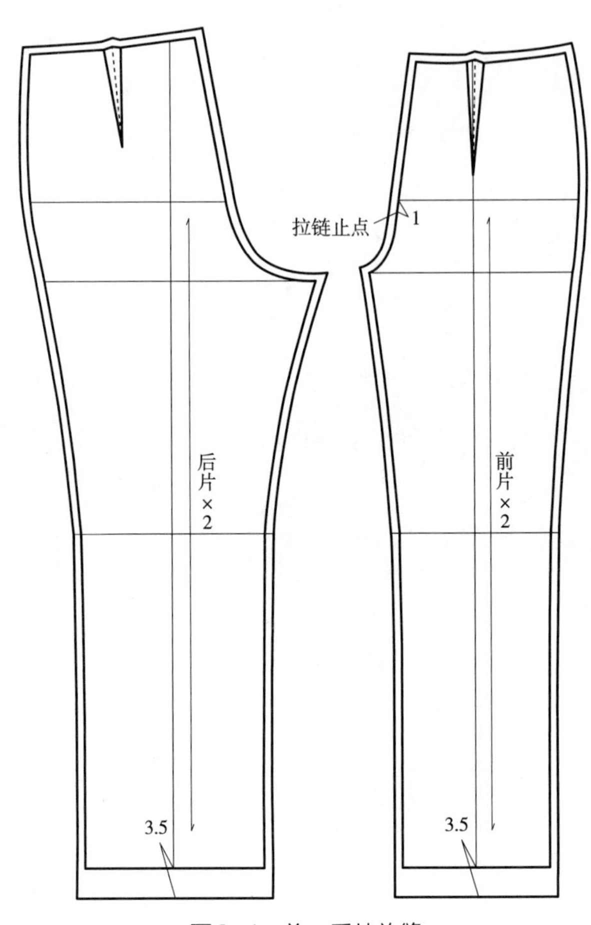

图3-4 前、后片放缝

（六）前门襟

门襟净板长度为腰围线至臀围线向下1cm，宽2.5cm。单门襟长度在门襟净板的基础上加1.5cm，宽2.5cm。双门襟长度在单门襟长度的基础上加0.5cm，宽6cm。前门绱拉链用双门襟1cm×1cm，前门钉扣双门襟1cm×2cm，如图3-5（a）所示。

（七）腰头

（1）小烫板为：腰头宽×2+0.2cm=7.2cm，腰头长度为腰围+10cm，如图3-5（b）所示。

（2）腰定位板制作：

①先画一个长方形，长度为腰围67cm，宽度为3cm。

②二分之一处为后腰头中点，两边各找17.4cm（0.26W）点为两侧缝点。

③两头各出3cm（前双门襟宽度），然后把所有的上下点打剪口，如图3-5（c）所示。

（3）上腰围线放缝1cm，下腰围线放缝1.5cm，如图3-5（d）所示。

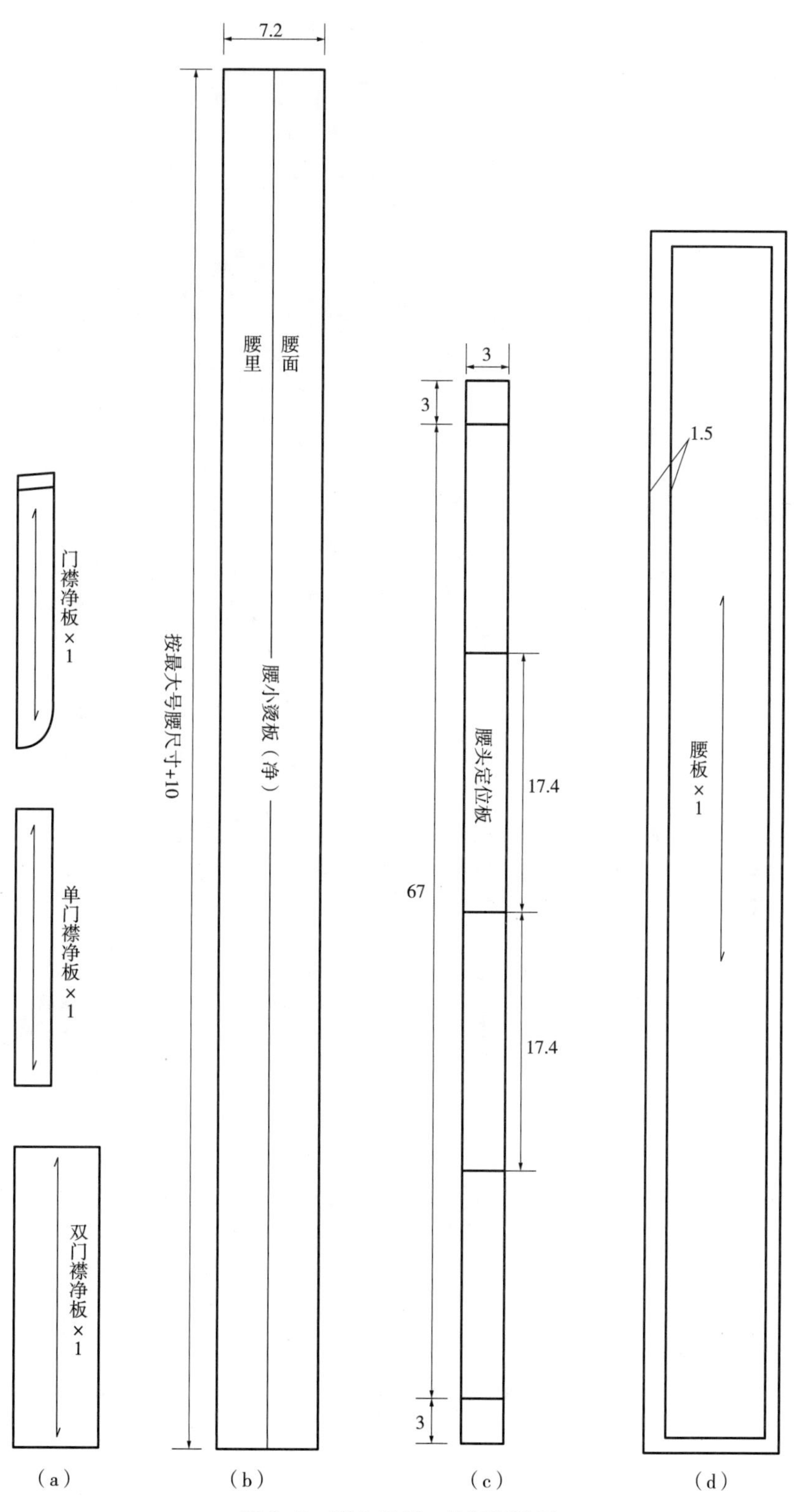

图3-5　腰头样板、前门门襟板

（八）裤管的变化

图3–6为三种裤型的裤管变化，粗实线为筒裤；虚线为锥裤；细实线为喇叭裤。

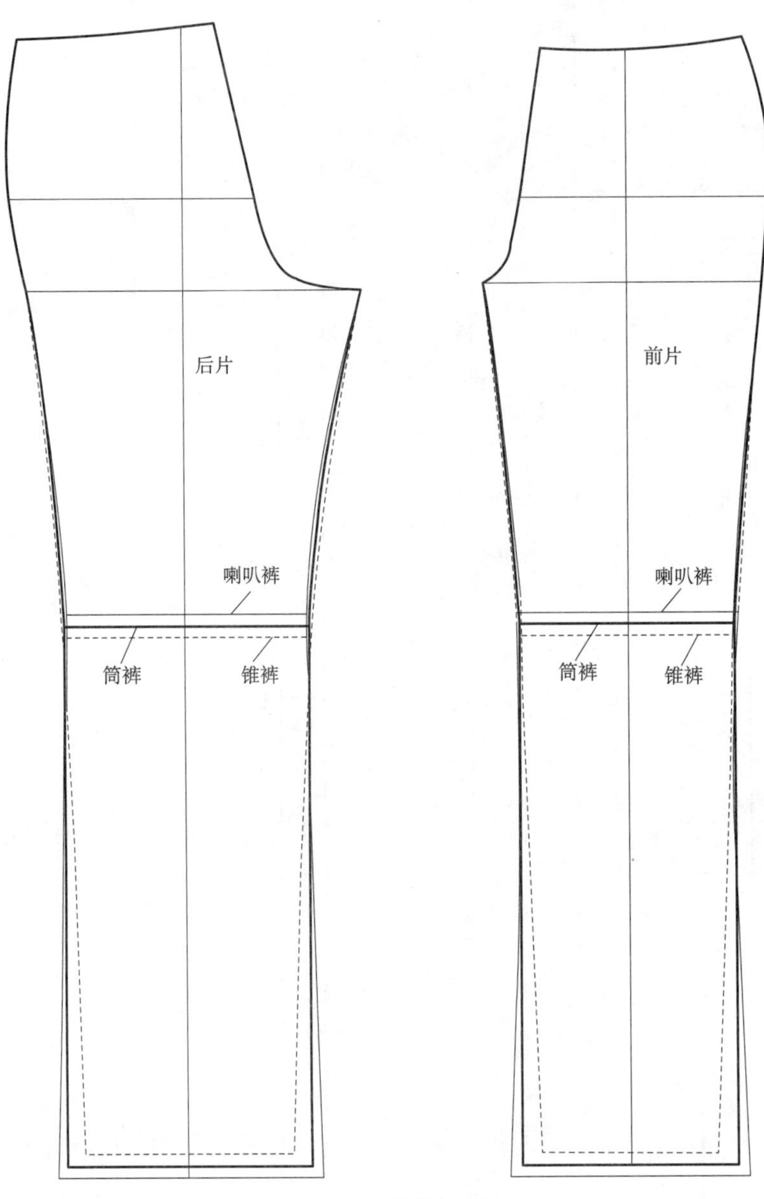

图3–6 裤管的变化

第二节　圆弧腰腰头样板制图

一、圆弧腰女裤腰头的制作方法

号型为160/68A的女裤实际腰围为68cm，大多数圆弧腰的女裤都比较合体，没有裤襻，所以在女裤腰围尺寸设定上要小一点，腰围设定为67cm。臀围设定为92cm（因为160/68A人体臀围实际尺寸90cm+基础放松量2cm=92cm，这样才能满足人体的实际穿着最小需求量）；立裆设定为25cm；腰头宽设定为3.5cm；前落腰为1cm；腰一周设定8cm的省量。成品裤片：上腰围尺寸为67cm/4=16.75cm，下腰围经过实际制图测试尺寸为18.3～18.4cm，这就提供了一个基础数据，以便用来配置裤腰头，如图3-7所示。

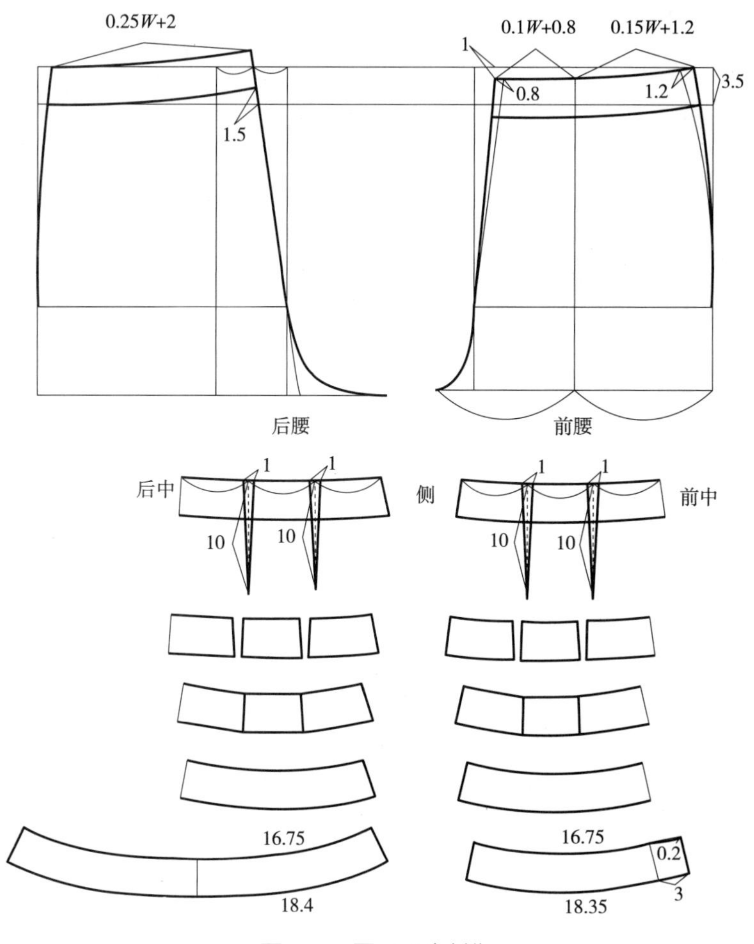

图3-7　圆弧腰头制作

从图3-7上看，直腰裤的腰头位置是在人体的腰部，由于人体的腰部切面是圆柱形，所得展开图纸为长方形，所以称它为直腰；圆弧腰的腰头位置是在人体腰部以下，人体的腰部切面是圆弧形，所得展开图纸为扇形，称它为圆弧腰（实际上圆弧腰在裤子的结构中，就是无腰裤，只是把裤片上面的育克拿下来当成裤腰来制作而已）。

二、立裆深浅、腰头宽与腰口大小的数值变化关系

以中弹面料为例，160/84A体型女裤腰围67cm，臀围88cm，前落腰1cm，腰头宽3.5cm，立裆1cm+3.5cm+21.5cm=26cm，也就是说，160/68A女子成品裤的实际立裆为26cm，女子人体实际立裆为25～25.5cm左右。

经过实际测试：

（1）立裆每增减1cm，腰口增减1.6～1.92cm，平均采用值为：1.8cm。

（2）腰宽每增减1cm，下腰口增减1.4～1.64cm，平均采用值为：1.5cm（因为在实际加工过程中，腰里、腰面需要黏衬，上腰围线绱牵条，成品腰等于无弹，所以与面料性能无关），如图3-8所示。

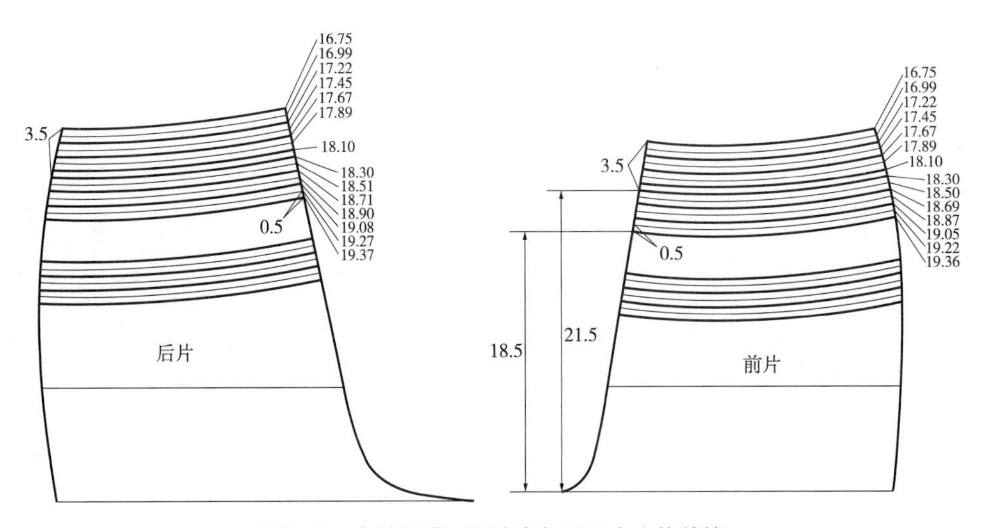

图3-8　立裆深浅、腰头宽与腰口大小的数值

立裆每增减0.5cm，上腰口增减0.8～0.96cm，下腰口增减0.7～0.82cm。圆弧腰裤的立裆一般在18～21.5cm之间，上腰口在67～73.2之间，下腰口在73.2～77.96之间。圆弧腰下腰口的弧度不等于裤片腰口的弧度，腰下口与裤片腰口应该有0.2cm的重合量（无弹与横弹面料的弧度都不相等，竖弹面料弧度相等），见表3-3。

表3-3　立裆深浅与腰围的关系　　单位：cm

立裆	前上腰围/2	后上腰围/2	前下腰围/2	后下腰围/2	成品上腰围	成品下腰围
21.5	16.75	16.75	18.30	18.30	67	73.20
21	16.99	16.99	18.51	18.51	67.86	74.02
20.5	17.22	17.22	18.69	18.71	68.88	74.80
20	17.45	17.45	18.87	18.90	69.80	75.54
19.5	17.67	17.67	19.05	19.08	70.68	76.26
19	17.89	17.89	19.22	19.27	71.56	76.98
18.5	18.1	19.36	18.1	19.44	72.4	77.60
18	18.3	19.54	18.3	19.61	73.2	77.96

三、七套基础圆弧腰头样板制图

基于立裆深浅、腰头宽数值的变化关系，以下是立裆21.5～18.5cm，腰宽3.5～6cm的成套腰头样板。

（1）腰围67cm，立裆21.5cm，基础圆弧腰3.5～6cm成套腰头样板，如图3-9所示。

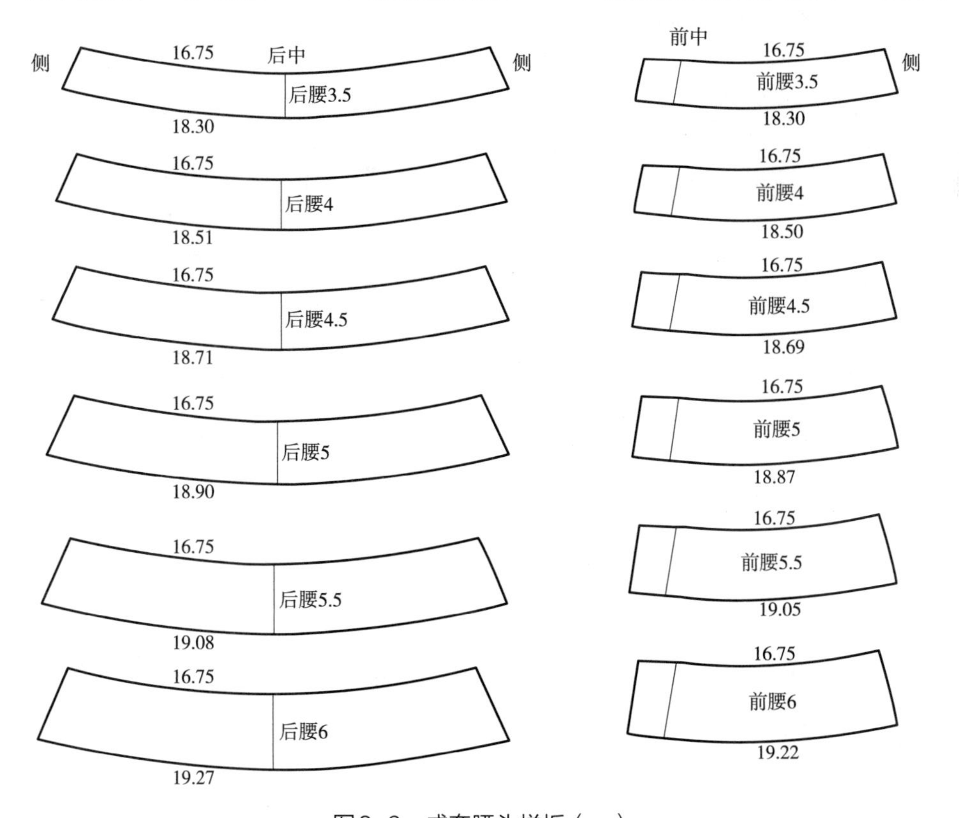

图3-9　成套腰头样板（一）

（2）腰围67.96cm，立裆21cm，基础圆弧腰3.5～6cm成套腰头样板，如图3-10所示。

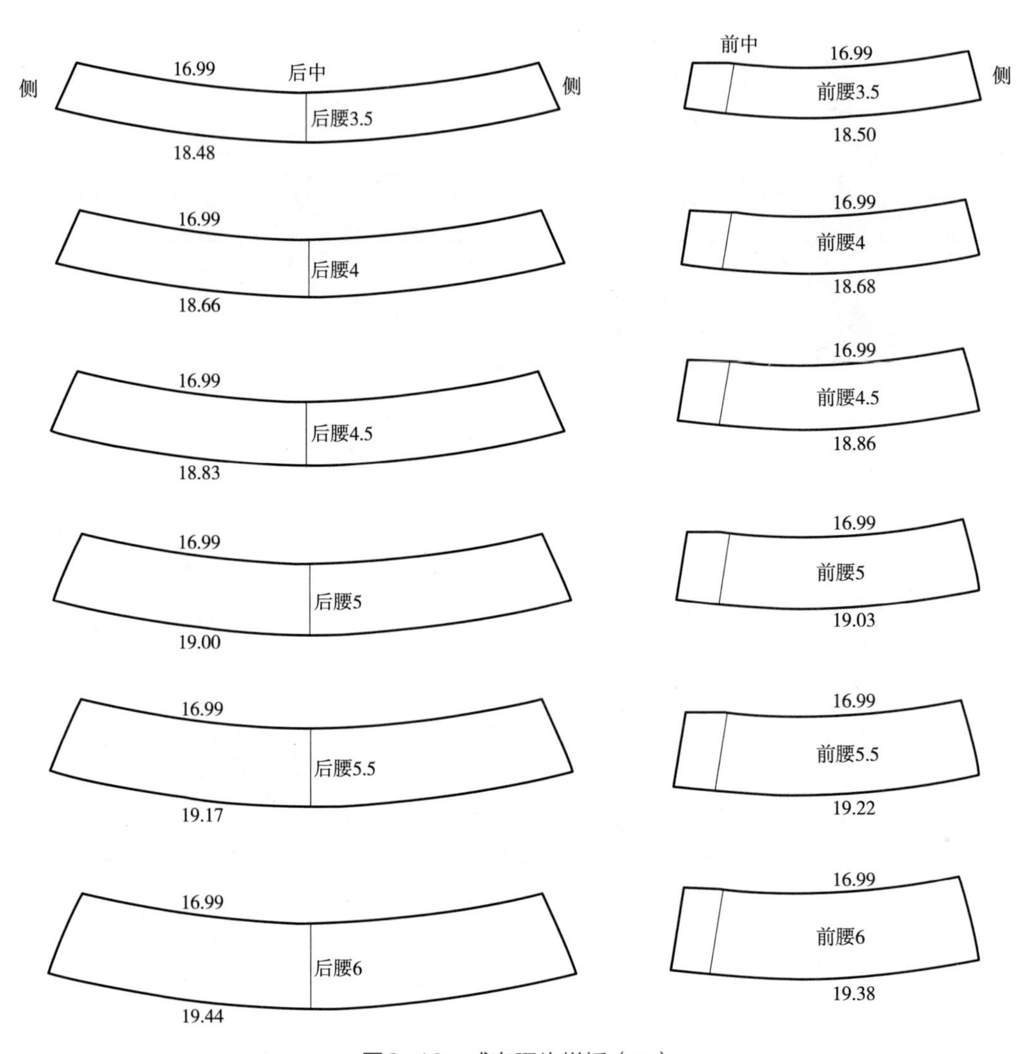

图3-10 成套腰头样板（二）

（3）腰围68.88cm，立裆20.5cm，基础圆弧腰3.5～6cm成套腰头样板，如图3-11所示。

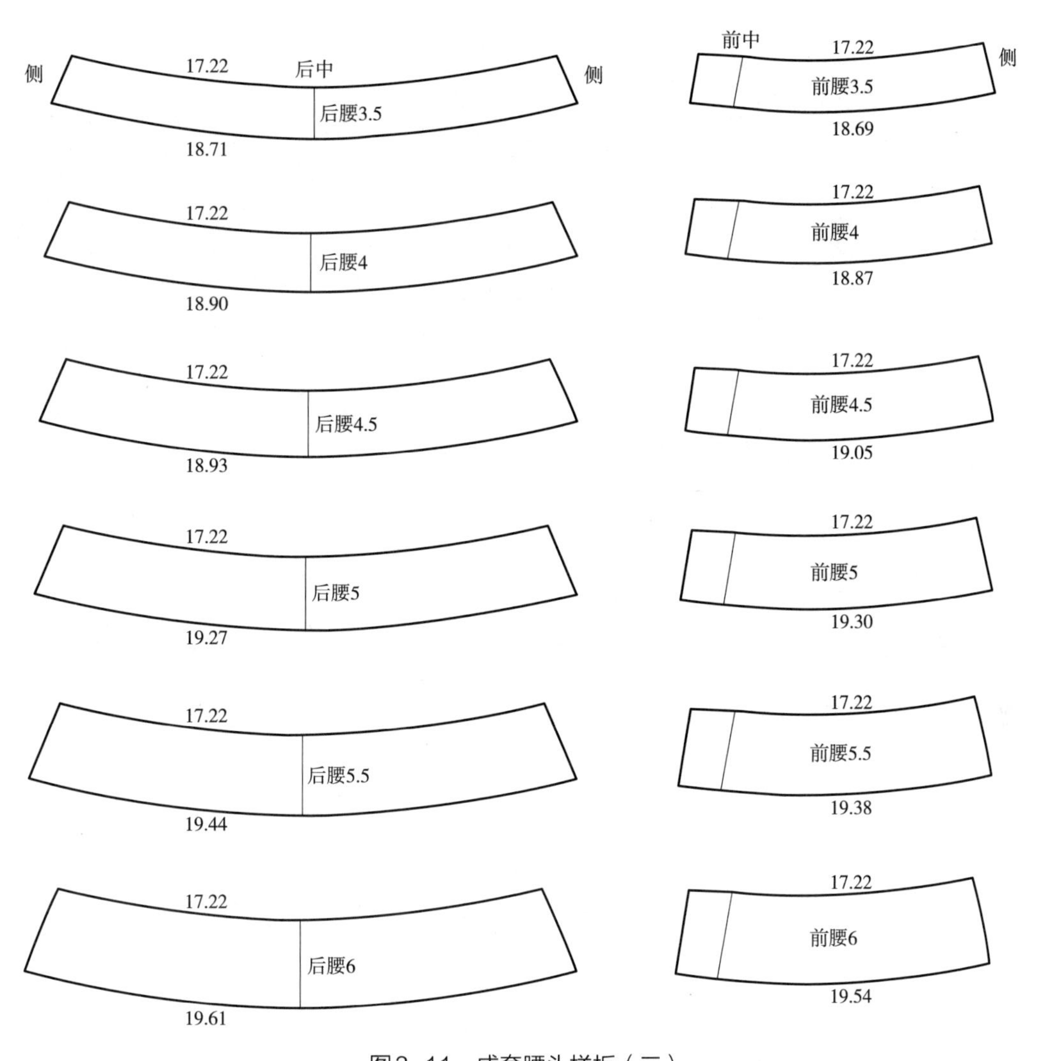

图3-11　成套腰头样板（三）

（4）腰围：69.8cm，立裆：20cm，基础圆弧腰3.5～6cm成套腰头样板，如图3-12所示。

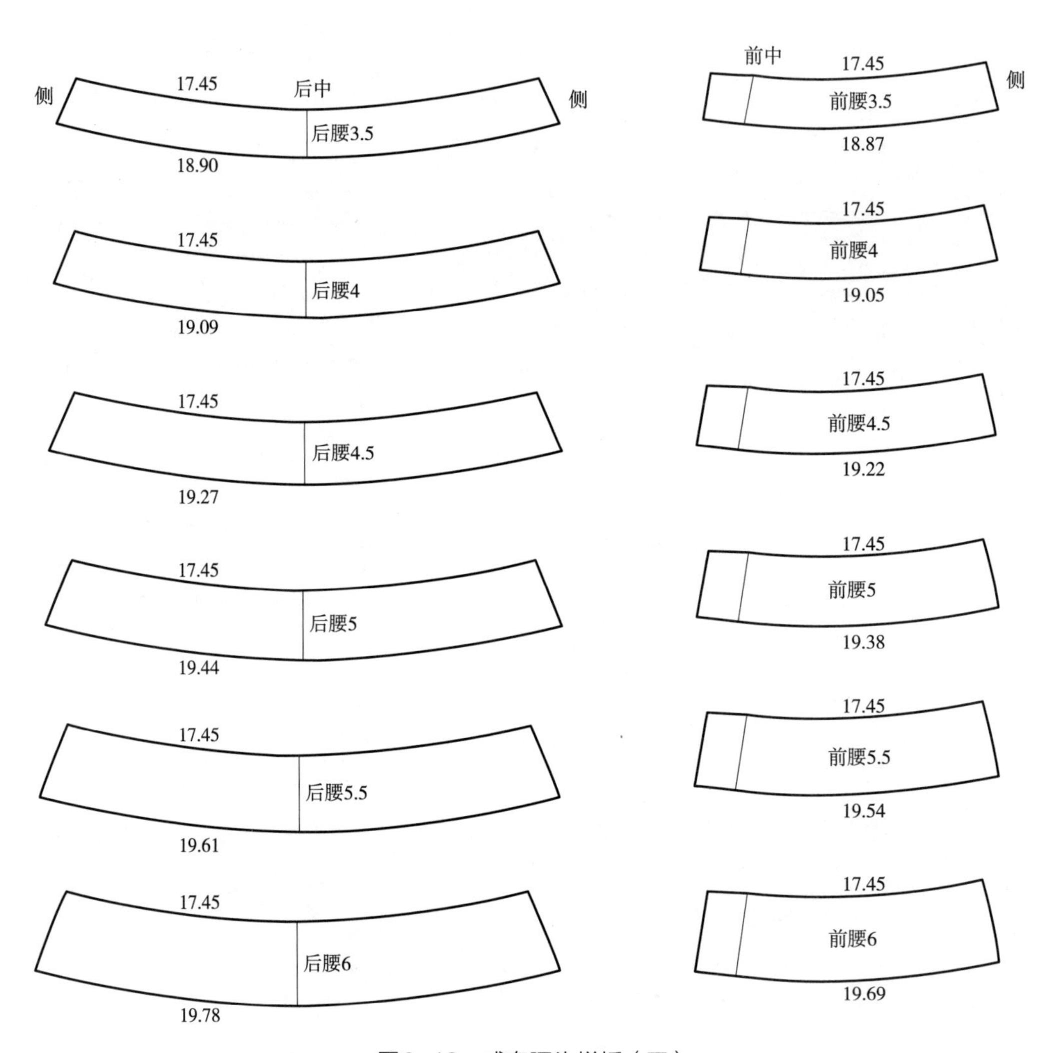

图3-12　成套腰头样板（四）

（5）腰围：70.68cm，立裆：19.5cm，基础圆弧腰3.5～6cm成套腰头样板，如图3-13所示。

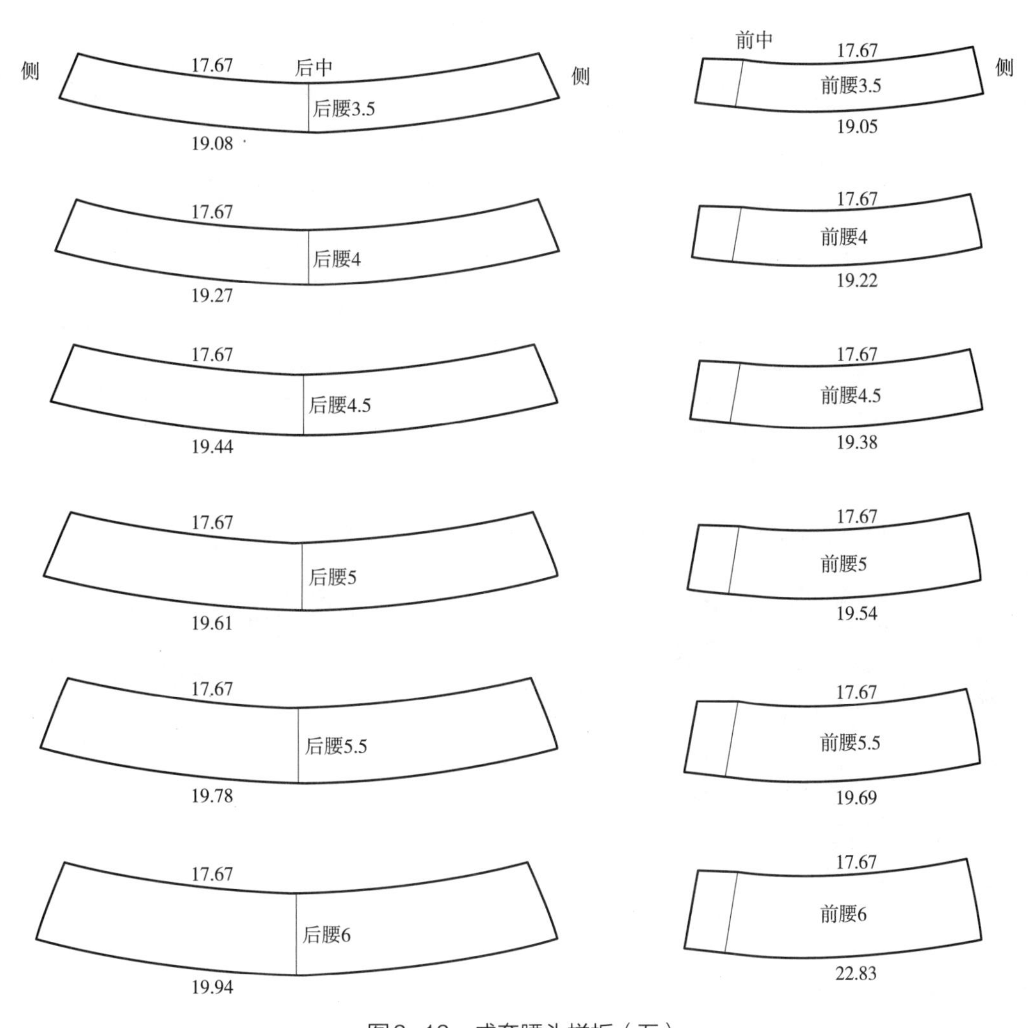

图3-13　成套腰头样板（五）

（6）腰围71.56cm，立裆19cm，基础圆弧腰3.5～6cm成套腰头样板，如图3-14所示。

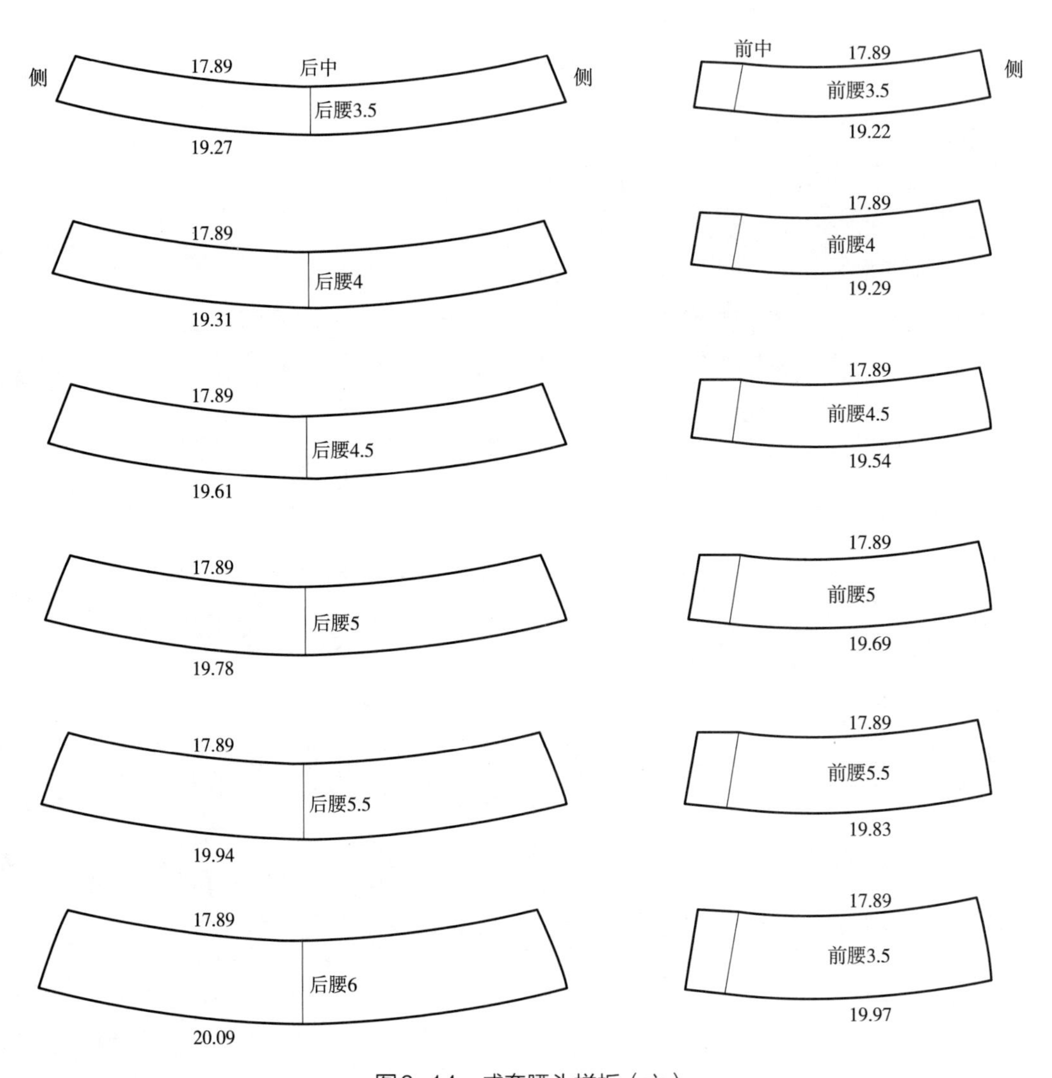

图3-14　成套腰头样板（六）

（7）腰围72.4cm，立裆18.5cm，基础圆弧腰3.5～6cm成套腰头样板，如图3-15所示。

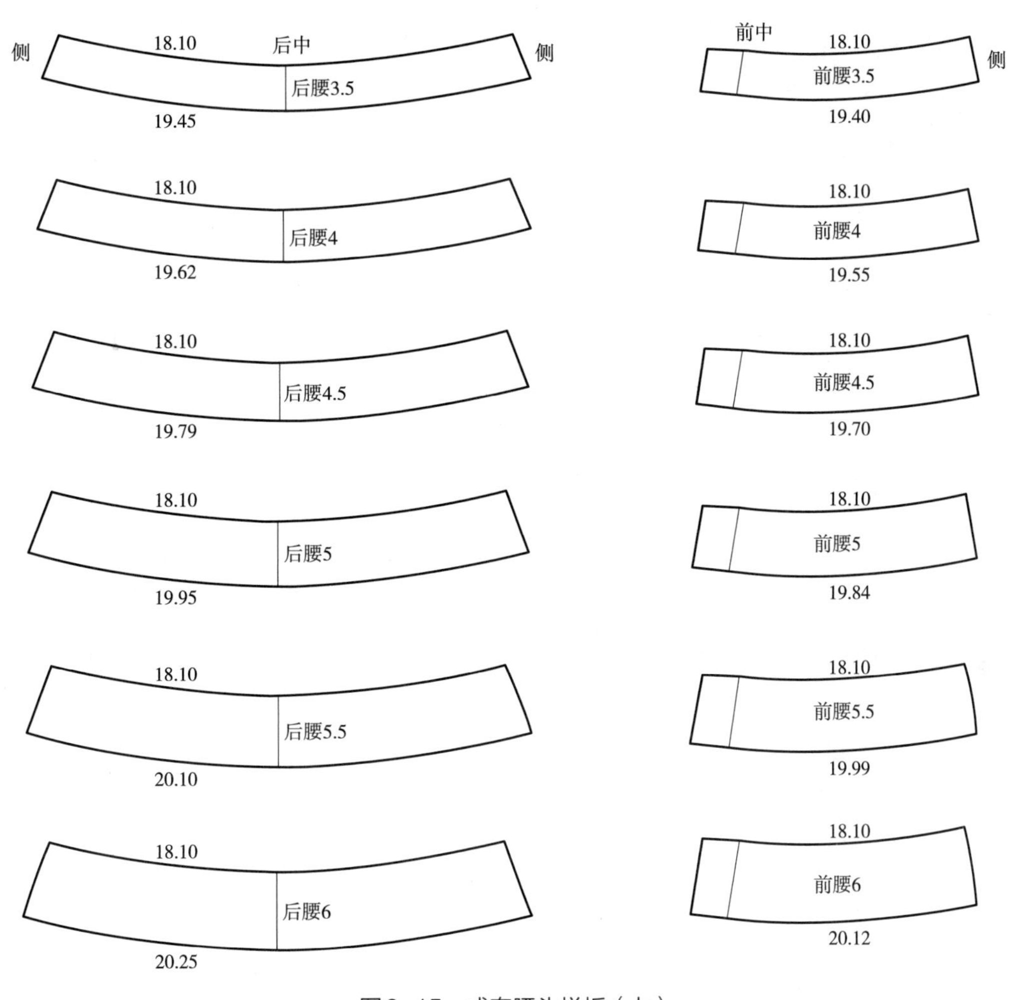

图3-15 成套腰头样板（七）

以上42套圆弧腰基础板，在正常企业制板中已经够用了，腰部的款式变化都是在基础板上分割而来，基础腰头样板的尺寸是不会变的，如外形变化，也只是腰头样板内与下腰口的款式变化，其他三面不会变的（特殊板型单独制作）。如果需要腰口比例不是四分之一的，需要加减，那就在基础腰头样板上将侧缝延长或缩短就可以了，前中、后中不用动，所得到的第二个板就是所需要的基础板，以后就可以随意变化了。

有个问题一定要搞清楚，看到这么多尺寸大小不一样的板型，可能会分不清，什么型号的板型用那个板？实际很简单的，我们所制作的所有腰头样板都是给160/68A这一个号型配置的，其他号型我们可以用推板的方式来完成。我们手里的基础板型越多，以后制板时，就越省事了，拿过来就可以直接使用或直接调整后再使用。节省工时，降低成本。

当有了大量的基础圆弧腰腰头样板后，就可以随心所欲地去制作圆弧腰女裤的板型了。

第三节　圆弧腰女裤的尺寸设定与制图

一、圆弧腰小锥裤（面料高横弹）尺寸设定与制图

（一）尺寸单的设定

（1）小锥裤裤长：一般为“号”（身高）的57%，160cm×57%=91cm（因为脚口比较小，裤长不易太长）。

（2）腰围：68cm−1cm（收紧量）=67cm，比较合体。

（3）臀围：90cm−4cm（收紧量）=86cm，比较合体。

（4）中裆大：按照实际需求而定，暂定为17cm。

（5）脚口大：按照实际需求而定，暂定为15.5cm。

（6）立裆：设定为21.5cm（前落腰为：1cm），圆弧腰女裤前落腰一般在1～2.5cm之间。

（7）腰头宽：设定为3.5cm。

以上尺寸是圆弧腰小锥裤制图的必备数据，见表3−4。

表3−4　成品尺寸　　单位：cm

号/型 \ 部位	裤长（*L*）	腰围（*W*）	臀围（*H*）	中裆大	脚口大	立裆	腰头宽
160/68A	91	67	86	17	15.5	21.5	3.5

（二）各部位尺寸分配

在裤的规格尺寸设定好以后，要对女裤制图各部位尺寸进行分配，见表3-5。

表3-5 主要部位尺寸分配数值 单位：cm

序号	部位	公式	尺寸	序号	部位	公式	尺寸
①	裤长	L-3.5（腰头宽）	87.5	⑨	前脚口	脚口-1.5	14
②	立裆	25（定寸）-3.5（腰头宽）	21.5	①	后甩裆	$0.18H$	15.5
③	臀围高	7.5~8	7.5	②	后臀围	$0.255H$	21.9
④	中裆高	29~32	14	③	后腰围	$0.25W'$	18.3
⑤	前臀围	$0.245H$	21.07	④	大裆宽	$0.09H$	7.7
⑥	小裆宽	$0.039H$	3.35	⑤	后中裆	中裆+2	19
⑦	前腰围	$0.25W'$	18.3	⑥	后脚口	脚口+1.5	17
⑧	前中裆	中裆-2	15	⑦	后裆困势高	定寸	22.5

注：W为圆弧腰头上腰围弧线尺寸，W'为下腰围弧线尺寸。

（三）圆弧腰小锥裤制图

基础数据我们已经分配完毕了，根据分配好的尺寸数据，我们就可以制图了，参照第一节直腰女裤制板方法，一些小的数据，可以参照实际图纸，如图3-16所示。

注：有弹面料的女裤前片侧缝最凸点在横裆线向上量12cm处，不管立裆怎样变化，最高点不变。

二、圆弧腰微喇叭裤（面料中横弹）尺寸设定与制图

（一）尺寸的设定

（1）裤长：一般为“号”（身高）的65%，160cm×65%=104cm（可穿半高跟）。

（2）腰围：68cm-1cm（收紧量）=67cm，比较合体。

（3）臀围：90cm-2cm（收紧量）=88cm，比较合体。

（4）中裆大：按照实际需求而定，暂定为20cm。

（5）脚口大：按照实际需求而定，暂定为22cm。

（6）前立裆：20.5cm（前落腰为1cm）。

（7）腰头宽：4.5cm。

以上尺寸是圆弧腰微喇叭裤制图的必备数据，见表3-6。

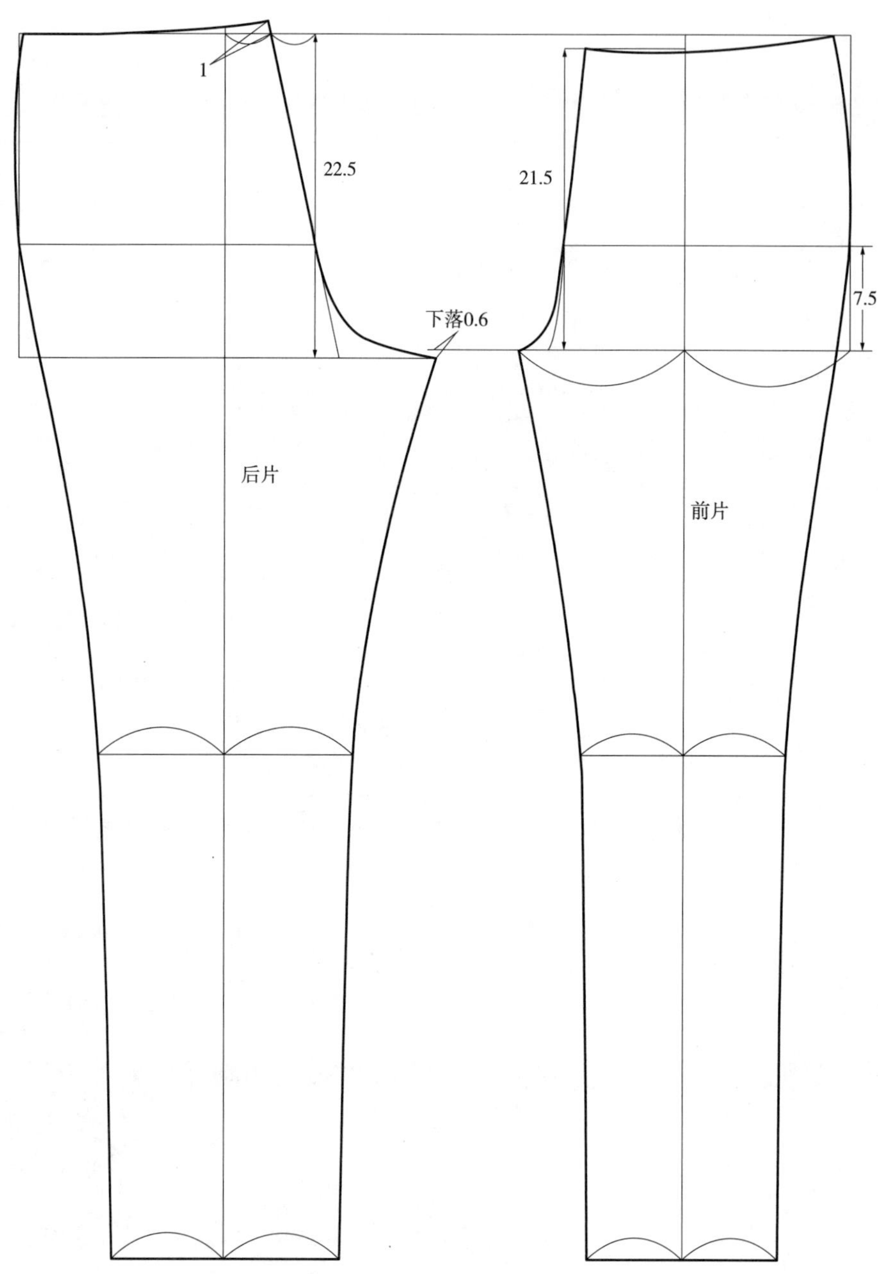

图3-16 制图

表3-6 成品尺寸

单位：cm

部位 尺寸 号/型	裤长（L）	腰围（W）	臀围（H）	中裆大	脚口大	立裆	腰头宽
160/68A	104	67	88	20	22	20.5	4.5

（二）各部位尺寸分配

在圆弧腰微喇叭裤的规格尺寸设定好以后，要对裤制图各部位尺寸进行分配，见表3-7。

表3-7　主要部位尺寸分配数值　　单位：cm

序号	部位	公式	尺寸	序号	部位	公式	尺寸
①	裤长	L–4.5（腰头宽）	99.5	⑨	前脚口	脚口 –1.5	20.5
②	立裆	25（定寸）–4.5（腰头宽）	20.5	①	后甩裆	0.18H	15.8
③	臀围高	7.5～8	7.5	②	后臀围	0.255H	22.4
④	中裆高	29～32	31	③	后腰围	0.25W'	18.7
⑤	前臀围	0.245H	21.6	④	大裆宽	0.09H	7.9
⑥	小裆宽	0.039H	3.4	⑤	后中裆	中裆+1.5	21.5
⑦	前腰围	0.25W'	18.7	⑥	后脚口	脚口 +1.5	23.5
⑧	前中裆	中裆 –1.5	18.5	⑦	后裆困势高	定寸	22.5

注：W为圆弧腰上腰口弧线尺寸，W'为下腰口弧线尺寸。

（三）制图

基础数据我们已经分配完毕了，根据分配好的尺寸数据，参照前制图方法，一些小的数据，可以参照实际图纸，如图3–17所示。

三、圆弧腰直筒裤（面料微横弹）尺寸设定与制图

（一）尺寸单的设定

（1）裤长：一般为“号”（身高）的60%左右，160cm×60%=96cm（可穿半高跟）。
（2）腰围：68cm–1cm（收紧量）=67cm，比较合体。
（3）臀围：90cm，比较合体。
（4）中裆大：按照实际需求而定，暂定为20.5cm。
（5）脚口大：按照实际需求而定，暂定为20cm。
（6）立裆：设定为19.5cm（前落腰为：1cm）。
（7）腰头宽：设定为5.5cm。
以上尺寸是圆弧腰直筒裤制图的必备数据，见表3–8。

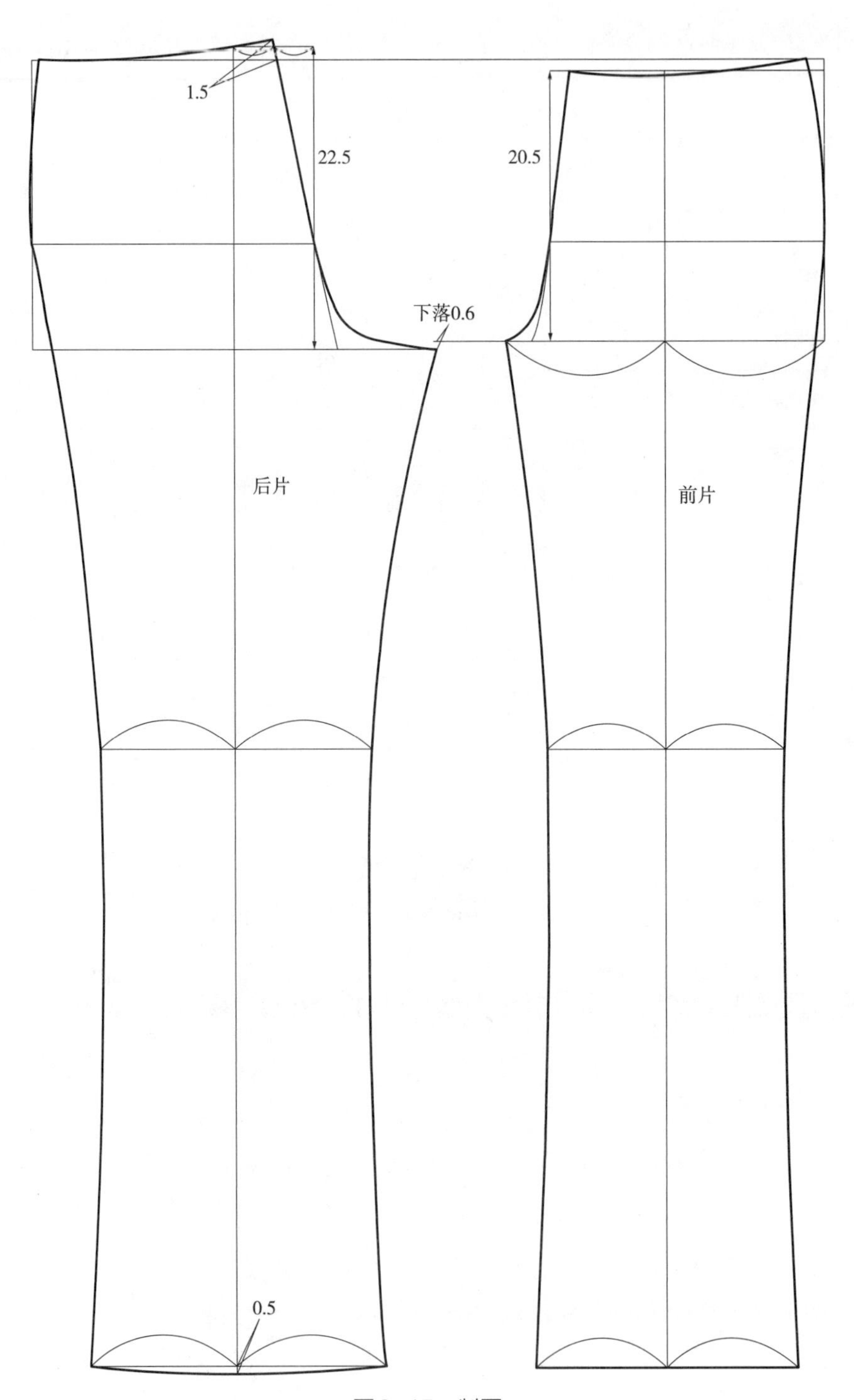

图3-17 制图

表3-8　成品尺寸

单位：cm

尺寸＼部位 号/型	裤长（L）	腰围（W）	臀围（H）	中裆大	脚口大	立裆	腰头宽
160/68A	96	67	90	20.2	20	19.5	5.5

（二）各部位尺寸分配

在圆弧腰直筒裤的规格尺寸设定好以后，要对女裤制图各部位尺寸进行分配，见表3-9。

表3-9　主要部位尺寸分配数值

单位：cm

序号	部位	公式	尺寸	序号	部位	公式	尺寸
①	裤长	L-5.5（腰头宽）	90.5	⑨	前脚口	脚口 -1.5	18.5
②	立裆	25（定寸）-5.5（腰头宽）	19.5	①	后甩裆	0.18H	16.2
③	臀围高	7.5～8	7.5	②	后臀围	0.255H	23
④	中裆高	29～32	30	③	后腰围	0.25W'	19.1
⑤	前臀围	0.245H	22	④	大裆宽	0.095H	8.6
⑥	小裆宽	0.05H-1	3.5	⑤	后中裆	中裆 +2	22.2
⑦	前腰围	0.25W'	19.1	⑥	后脚口	脚口 +1.5	21.5
⑧	前中裆	中裆 -2	18.2	⑦	后裆困势高	定寸	22.5

注：W为圆弧腰上腰围弧线尺寸，W'为下腰围弧线尺寸。

（三）制图

基础数据我们已经分配完毕了，根据分配好的尺寸数据，根据前制图方法制图，一些小的数据，实际图纸如图3-18所示。

四、圆弧腰直筒连腰裤（面料无弹）尺寸设定与制图

（一）尺寸单的设定

（1）女直筒连腰裤裤长：一般为“号”（身高）的60%左右，160cm×0.6=96cm（可穿半高跟）。

（2）腰围：68cm-1cm（收紧量）=67cm，比较合体。

（3）臀围：90cm+1cm（放松量）=91cm，比较合体。

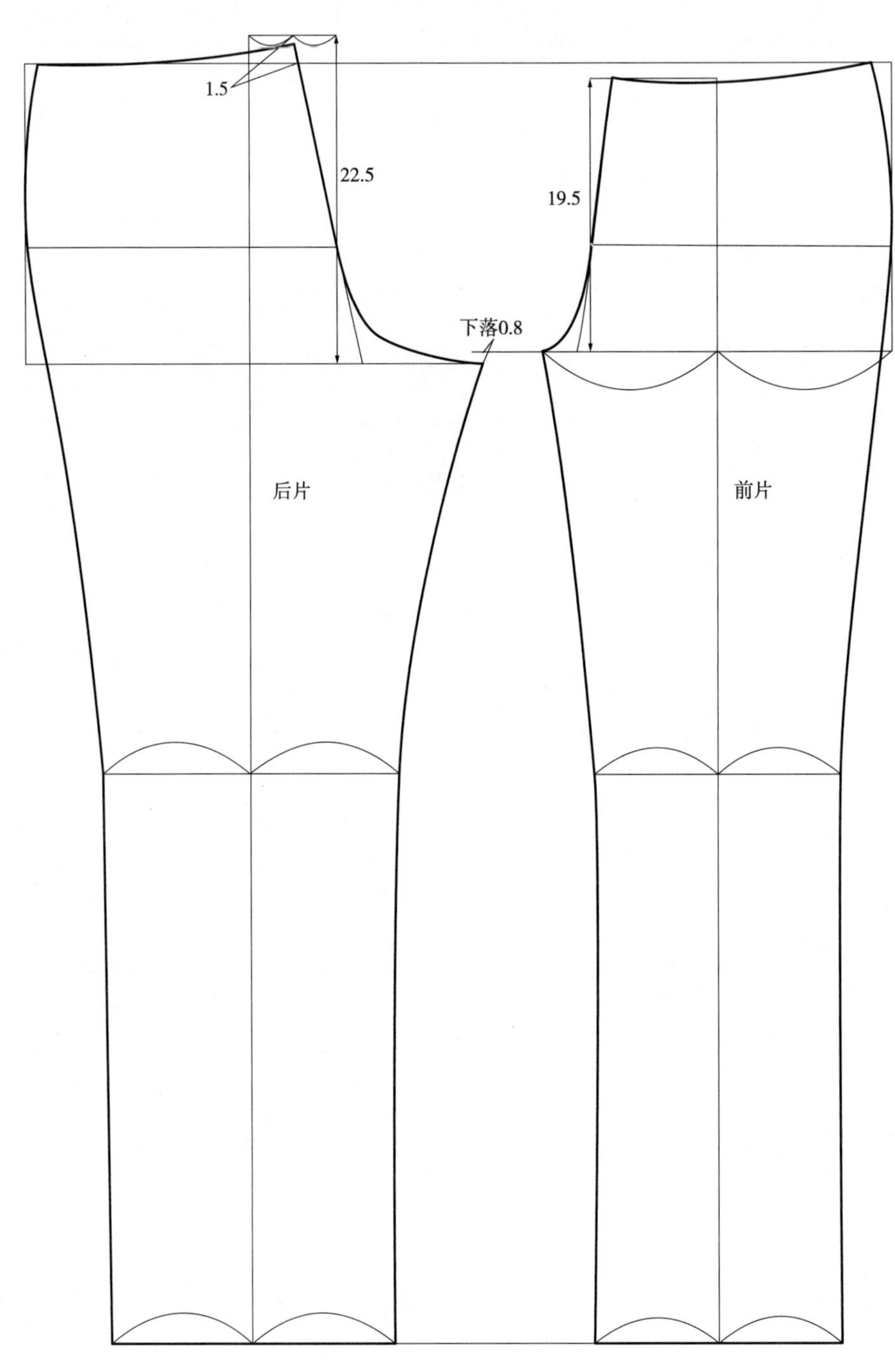

图3-18 制图

（4）中裆大：按照市场实际需求而定，暂定它为21cm。

（5）脚口大：按照市场实际需求而定，暂定它为20.5cm。

（6）立裆：设定为21.5cm（前落腰为：1cm）。

（7）腰头宽：设定为3.5cm。

以上尺寸是制作服装板型的必备数据，缺一不可，见表3–10。

表3–10　成品尺寸　　单位：cm

尺寸 部位 号/型	裤长（L）	腰围（W）	臀围（H）	中裆大	脚口大	立裆	腰头宽
160/68A	96	67	91	21	20.5	21.5	3.5

（二）比例分配

尺寸单设定好以后，下面要对服装各部位尺寸进行比例分配，见表3–11。

表3–11　主要部位比例分配数值　　单位：cm

序号	部位	公式	尺寸	序号	部位	公式	尺寸
①	裤长	L–3.5（腰头宽）	92.5	⑨	前脚口	脚口 –1.5	19
②	立裆	25（定寸）–3.5（腰头宽）	21.5	①	后甩裆	0.18H	16.2
③	臀围高	8～9	8.5	②	后臀围	0.255H	23.2
④	中裆高	29～32	30	③	后腰围	0.25W	16.75
⑤	前臀围	0.245H	22.3	④	大裆宽	0.095H	8.7
⑥	小裆宽	0.039H	3.6	⑤	后中裆	中裆+2	23
⑦	前腰围	0.25W	16.75	⑥	后脚口	脚口 +1.5	22
⑧	前中裆	中裆 –2	19	⑦	后裆困势高	定寸	22.5

注：W为圆弧腰上腰围弧线尺寸，W'为下腰围弧线尺寸。连腰裤先把裤片画好，3.5cm裤腰最后画，这样制图省时省力。

（三）制图

基础数据我们已经分配完毕了，根据分配好的尺寸数据，根据前制图方法制图，一些小的数据，实际图纸，如图3–19所示。

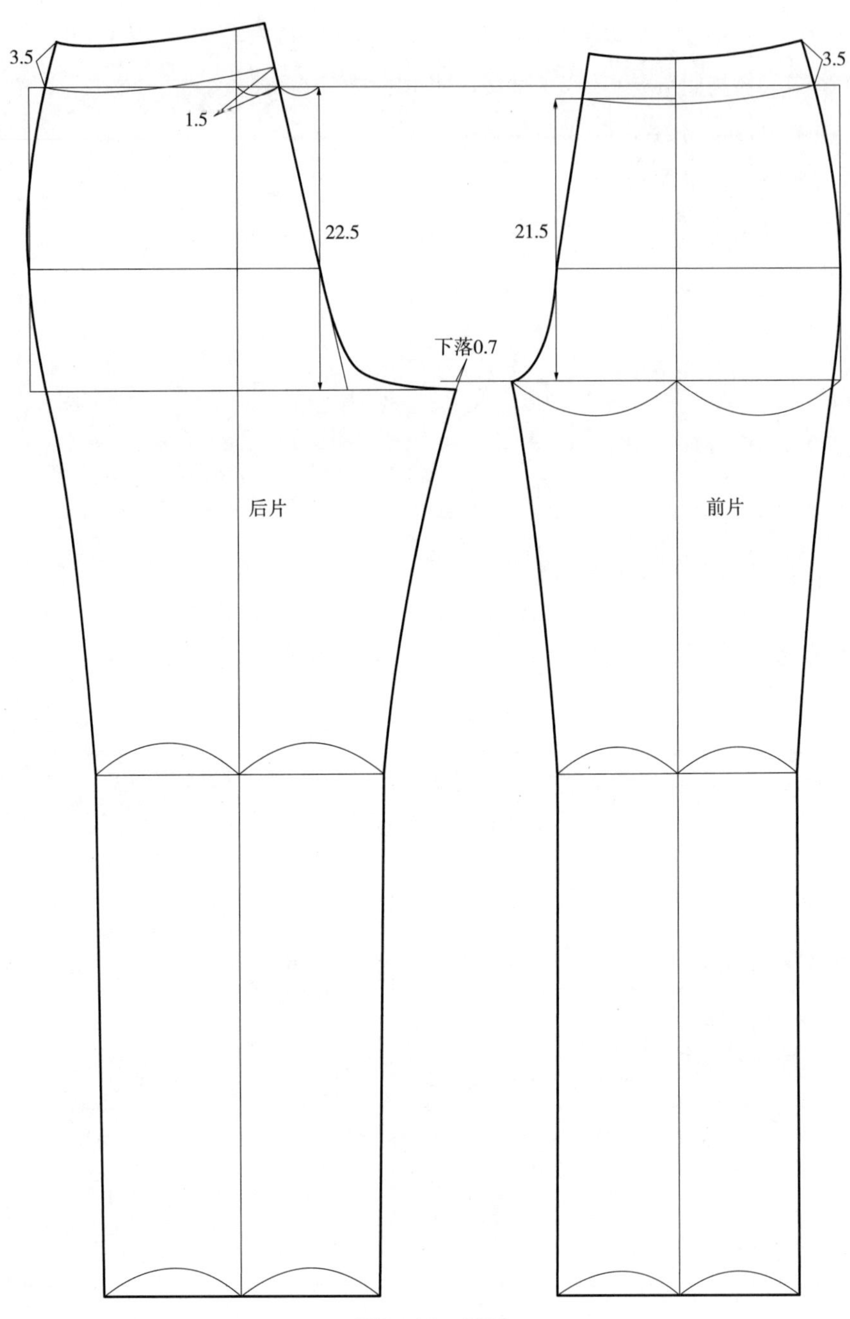

图3-19 制图

(四)连腰裤的腰里制作

第一步，取横裆线以上前、后片样板，如图3-20（a）所示。

第二步，将前、后片板的侧缝合并，如图3-20（b）所示。

第三步，将腰头样板复制下来，如图3-20（c）所示。

第四步，将前、后腰头各分成三等份，如图3–20（d）。

第五步，将下腰口展开0.2cm×5=1cm（腰/2），如图3–20（e）。

第六步，将上下腰口画圆顺，做镜像，前后腰头各延长3cm（双门襟的宽度）。腰里净板完成，如图3–20（f）。注：无弹的腰里下腰口共展开2cm吃势量，有弹的展开1cm吃势量，便于腰面压明线。

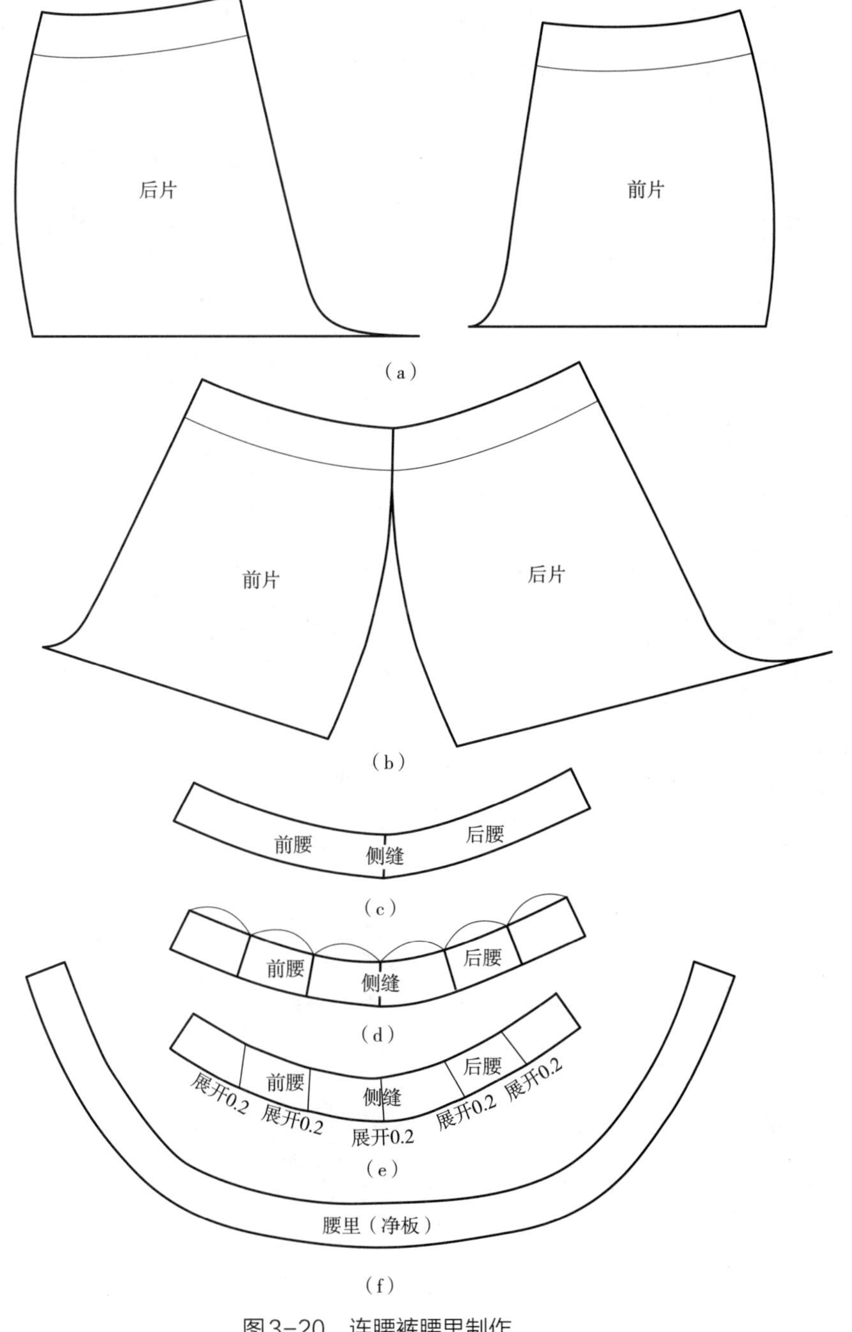

图3–20　连腰裤腰里制作

五、圆弧腰阔腿裤（面料无弹）尺寸设定与制图

（一）尺寸单的设定

（1）女阔腿裤裤长：一般为“号”（身高）的65%左右，160cm×0.65=104cm（可穿半高跟）。

（2）腰围：68cm–1cm（收紧量）=67cm，比较合体。

（3）臀围：90cm+2cm（放松量）=92cm，比较合体。

（4）中裆大：按照市场实际需求而定，暂定它为25.5cm。

（5）脚口大：按照市场实际需求而定，暂定它为25cm。

（6）立裆：设定为19cm（前落腰为：1cm）。

（7）腰头宽：设定为6cm（无弹面料，圆弧腰裤片腰口加1cm吃势）。

以上尺寸是制作服装板型的必备数据，缺一不可，见表3–12。

表3–12　成品尺寸　　单位：cm

尺寸 部位 / 号/型	裤长	腰围	臀围	中裆大	脚口大	立裆	吃势	腰头宽
160/68A	104	67	92	25.5	25	19	1	6

（二）各部位尺寸比例分配

尺寸单设定好以后，下面要对服装各部位尺寸进行比例分配，见表3–13。

表3–13　主要部位比例分配数值　　单位：cm

序号	部位	公式	尺寸	序号	部位	公式	尺寸
①	裤长	L–6（腰头宽）	98	⑨	前脚口	脚口–1.5	23.5
②	立裆	25（定寸）–6（腰头宽）	19	①	后甩裆	0.18H	16.6
③	臀围高	8～9	8.5	②	后臀围	0.255H+0.5	23.5
④	中裆高	29～32	31	③	后腰围	0.25W'+0.25	19.5
⑤	前臀围	0.245H	22.5	④	大裆宽	0.95H	8.7
⑥	小裆宽	0.039H	3.6	⑤	后中裆	中裆+2	27.5
⑦	前腰围	0.25W'+0.25	19.5	⑥	后脚口	脚口+1.5	26.5
⑧	前中裆	中裆–2	23.5	⑦	后裆困势高	定寸	22.5

注：W为圆弧腰上腰围弧线尺寸，W'为下腰围弧线尺寸。

（三）制图

基础数据我们已经分配完毕了，根据分配好的尺寸数据，根据前制图方法制板，一些小的数据，实际图纸，如图3-21所示。

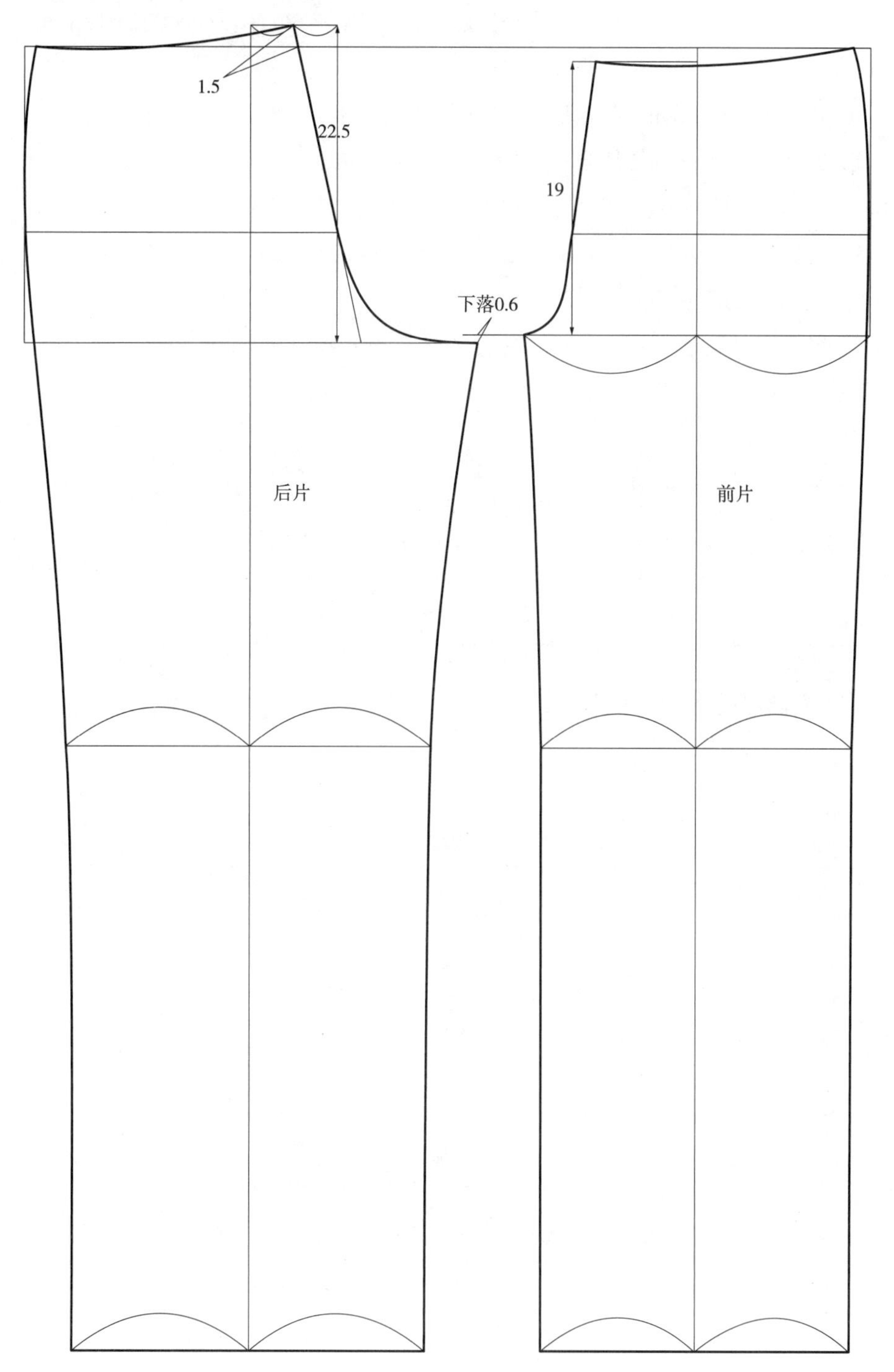

图3-21　制图

六、圆弧腰喇叭裤（面料无弹）尺寸设定与制图

（一）尺寸单的设定

（1）女大喇叭裤长：一般为“号”（身高）的65%左右，160cm×0.65=104cm（可穿半高跟）。

（2）腰围：68cm−1cm（收紧量）=67cm，比较合体。

（3）臀围：90cm+3cm（放松量）=93cm，比较合体。

（4）中裆大：按照市场实际需求而定，我们暂定它为：21cm。

（5）脚口大：按照市场实际需求而定，我们暂定它为：24cm。

（6）立裆：设定为21cm（前落腰为：1cm）。

（7）腰头宽：设定为4cm（无弹面料，圆弧腰裤片腰口加1cm吃势）。

以上尺寸是制作服装板型的必备数据，缺一不可，见表3−14。

表3−14　成品尺寸　　单位：cm

号/型 \ 尺寸 \ 部位	裤长	腰围	臀围	中裆大	脚口大	立裆	吃势	腰头宽
160/68A	104	67	93	21	24	21	1	4

（二）各部位尺寸比例分配

尺寸单设定好以后，下面要对服装各部位尺寸进行比例分配，见表3−15。

表3−15　主要部位比例分配数值　　单位：cm

序号	部位	公式	尺寸	序号	部位	公式	尺寸
①	裤长	L−4（腰头宽）	100	⑨	前脚口	脚口−1.5	22.5
②	立裆	25（定寸）−4（腰头宽）	21	①	后甩裆	0.18H	16.7
③	臀围高	8～9	8.5	②	后臀围	0.255H	23.7
④	中裆高	29～32	31	③	后腰围	0.25W'+0.25+1.5（省）	20
⑤	前臀围	0.245H	22.8	④	大裆宽	0.095H	8.8
⑥	小裆宽	0.039H	3.6	⑤	后中裆	中裆+1.5	22.5
⑦	前腰围	0.25W'+0.25+2（省）	20.5	⑥	后脚口	脚口+1.5	25.5
⑧	前中裆	中裆−1.5	19.5	⑦	后裆困势高	定寸	22.5

注：W为圆弧腰上腰围弧线尺寸，W'为下腰围弧线尺寸。

（三）制图

基础数据我们已经分配完毕了，根据分配好的尺寸数据，根据前制图方法制图，一些小的数据，可以参照实际图纸，如图3-22所示。

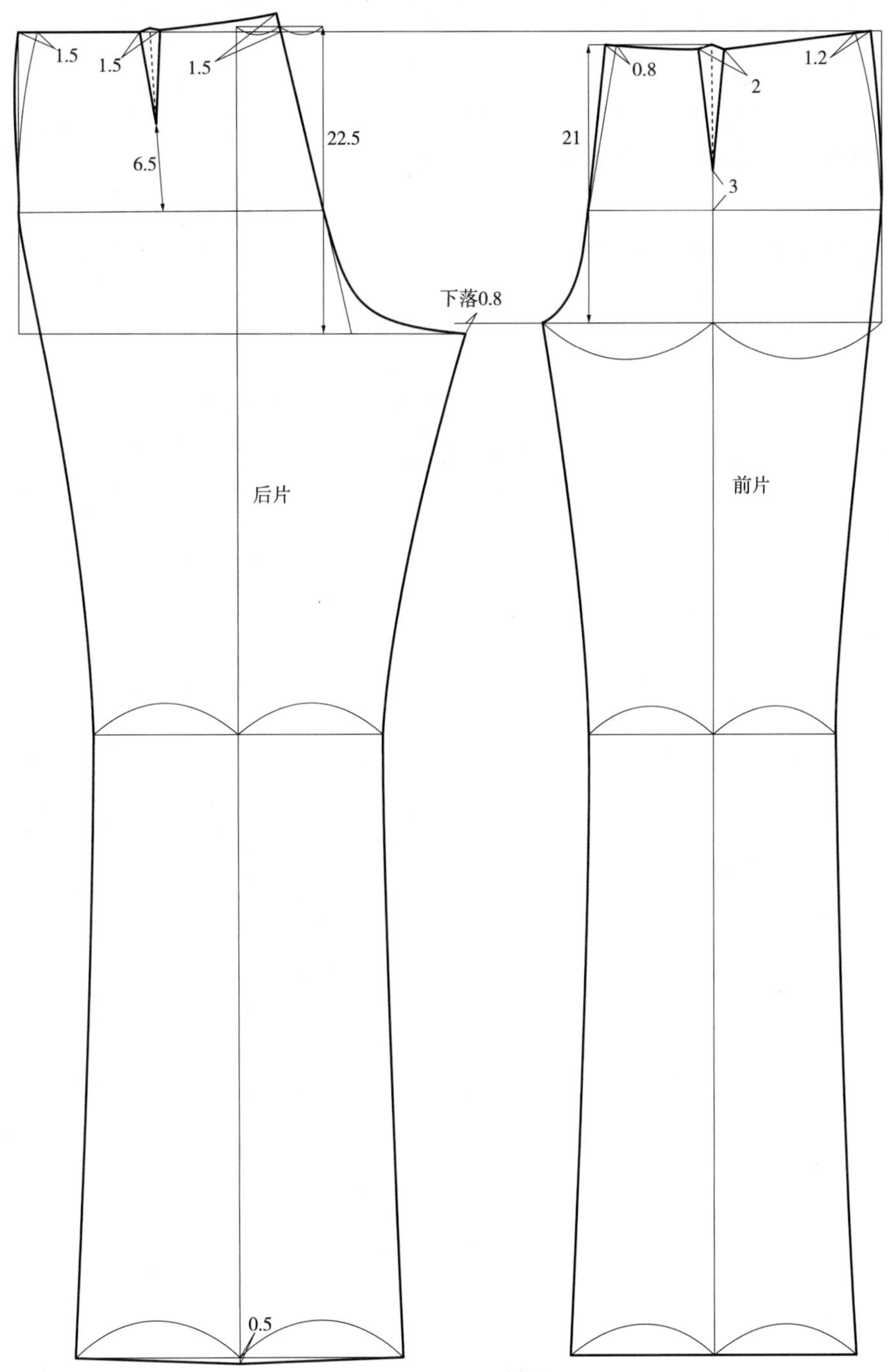

图3-22　制图

七、圆弧腰短裤尺寸设定与制图

（一）尺寸单的设定

（1）女短裤长：一般为“号”（身高）的18%左右，160cm × 0.18=29cm。

（2）腰围：68cm−1cm（收紧量）=67cm，比较合体。

（3）臀围：90cm+4cm（放松量）=94cm，比较合体。

（4）脚口大：按照实际需求而定，暂定为29.5cm。

（5）立裆：设定为20cm（前落腰为1cm）。

（6）腰头宽：设定为5cm（无弹面料，圆弧腰裤片腰口加1cm吃势）。

以上尺寸是制作服装板型的必备数据，缺一不可，见表3−16。

表3−16　成品尺寸　　单位：cm

部位 / 尺寸 / 号/型	裤长（L）	腰围（W）	臀围（H）	脚口大	立裆	吃势	腰头宽
160/68A	29	67	94	29.5	20	1	5

（二）各部位尺寸比例分配

尺寸单设定好以后，下面要对服装各部位尺寸进行比例分配，见表3−17。

表3−17　主要部位比例分配数值　　单位：cm

序号	部位	公式	尺寸	序号	部位	公式	尺寸
①	裤长	L−5（腰头宽）	24	⑦	前脚口	脚口−4.5	25
②	立裆	25（定寸）−5（腰头宽）	20	①	后甩裆	0.18H	16.9
③	臀围高	8～9	8.5	②	后臀围	0.255H	24
④	前臀围	0.245H	23	③	后腰围	0.25W'+0.25+1（省）	20.5
⑤	小裆宽	0.039H	3.7	④	大裆宽	0.1H	9.4
⑥	前腰围	0.25W'+0.25+1.5（省）	21	⑤	后脚口	脚口+4.5	34

注：W为圆弧腰上腰围弧线尺寸，W'为下腰围弧线尺寸。

（三）制图

基础数据我们已经分配完毕了，根据分配好的尺寸数据，根据前制图方法制图，一些小的数据，可以参照实际图纸，如图3−23所示。

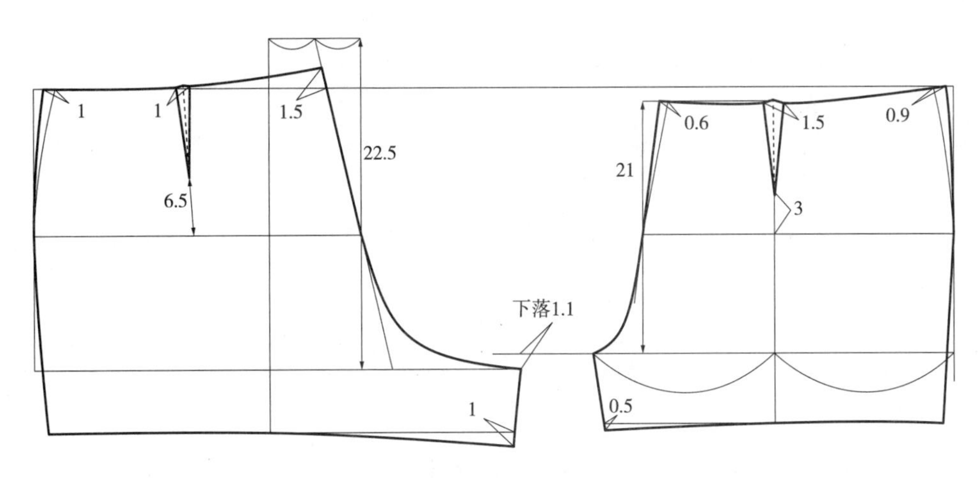

图3-23 制图

第四节 圆弧腰女裤的制板规律分析

以上已经做完了圆弧腰女裤有弹与无弹面料的一些相关制图，臀围86～94cm。通过制图可以得到女裤制图数据的一些规律。

一、女裤臀围、横裆围与后大裆宽的比例关系（表3-18）

表3-18 女裤臀围、横裆围与后大裆宽的比例关系 单位：cm

名称	数据									
面料	高弹		中弹	微弹		无弹		无弹（厚料挂里）		规律
臀围	86	87	88	89	90	91	92	93	94	
横裆围	53.3	53.9	54.5	55.1	55.7	56.3	56.9	57.5	58.1	臀围每增减1cm，横裆增减0.6cm。
横裆围占臀围的比例	62%	62%	61.9%	61.9%	61.9%	61.9%	61.9%	61.9%	61.8%	女裤横裆围为61.8%H~62%H
后大裆宽-0.5	8.2	8.3	8.4	8.5	8.6	8.7	8.7	8.8	8.9	占臀围的9%~10%
后大裆宽占臀围的比例	61.4%	61.4%	61.4%	61.4%	61.3%	61.3%	61.3%	61.3%	61.3%	女裤后大裆宽为61.3%H~61.4%H
后大裆-1	7.7	7.8	7.9	8	8.1	8.2	8.3	8.4	8.5	占臀围的9%~10%
中裆	20.5	20.5	20.5	20.5	20.5	20.5	20.5	20.5	20.5	只有把中裆尺寸固定才能测试

注：一般女裤的横裆围范围在61%H~62%H之间。女裤面料，从高弹到无弹，臀围为88cm为中弹母板。基本上接近0.618，说明这个比例还是比较优美的。锥裤在设定臀围时，要比筒裤臀围大1cm。

二、立裆与腰头宽的关系（表3-19）

表3-19 立裆与腰头宽的关系 单位：cm

腰头宽	3.5	4	4.5	5	5.5	6	在腰宽与立裆总合不变的情况下，腰宽每增加1cm，立裆应减掉1cm
立裆	21.5	21	20.5	20	19.5	19	
总合	25	25	25	25	25	25	

注：立裆越深，圆弧腰的弧度越大。立裆越浅，圆弧腰的弧度越小。

三、前落腰、后翘高与面料的关系（表3-20）

表3-20 前落腰、后翘高与面料的关系 单位：cm

竖弹面料	高弹	中弹	微弹	无弹
前落腰	0	0.5～1		1
后翘高	0～0.5	1～1.5		2～2.5

注：前落腰越深，前腰弧度越大。

四、立裆与竖弹面料的关系（表3-21）

表3-21 立裆与竖弹面料的关系 单位：cm

竖弹面料	高弹	中弹	微弹	无弹	1. 竖弹越大，立裆尺寸越小，后大裆应减1.5cm左右 2. 针织高弹立裆减2～3cm
立裆减下垂量	2～3	1	0.5	0	

注：只有竖弹的面料无横弹，臀围应设定为90cm，相当于中横弹88cm，吃势1cm。

五、女裤脚口尺寸控制数值（表3-22）

表3-22 女裤脚口尺寸控制数值 单位：cm

名 称	超短裤	短裤	及膝裤	七分裤	九分裤	长裤
裤脚最小尺寸控制数值	25～26	22～23	16～18	15～16	13.5～14.5	12.5～13.5

注：根据面料弹性的大小和款式的需求，可进行适当的调整。

六、小裆宽与臀围的比例（表3-23）

表3-23　小裆宽与臀围的比例　　单位：cm

面料性能	无弹	微弹	中弹	高弹
小裆宽与臀围	0.039*H*	0.038*H*	0.037*H*	0.036*H*

七、腰口吃势与面料的关系（表3-24）

表3-24　腰口吃势与面料的关系　　单位：cm

面料性能	无弹	微弹	中弹	高弹
直　腰	2	0～0.5	0	0
圆弧腰	1	0～0.5	0	0

八、裤片结构比例分配（表3-25）

表3-25　裤片结构比例分配　　单位：cm

部位 尺寸 名称	腰围	臀围	前小裆宽	后甩裆	中裆	脚口	后大裆宽
直腰前片	0.24*W*	0.24*H*	0.039*H*		−2.5	−2	
直腰后片	0.26*W*	0.26*H*		0.185*H*～0.19*H*	+2.5	+2	0.1*H*
圆弧腰前片	0.25*W*	0.245*H*	0.039*H*		−1.5	−1.5	
圆弧腰后片	0.25*W*	0.255*H*		0.177*H*～0.183*H*	+1.5	+1.5	0.083*H*～0.095*H*

第五节　女裤里料制图

女裤里料制图，主要是无弹面料需要，尤其是毛呢面料。使用裤子面料样板直接推放裤里样板，如图3-24所示细实线为面料样板，粗实线为里料样板。前、后横裆线的高低，里、面料样板相同，没有改变。

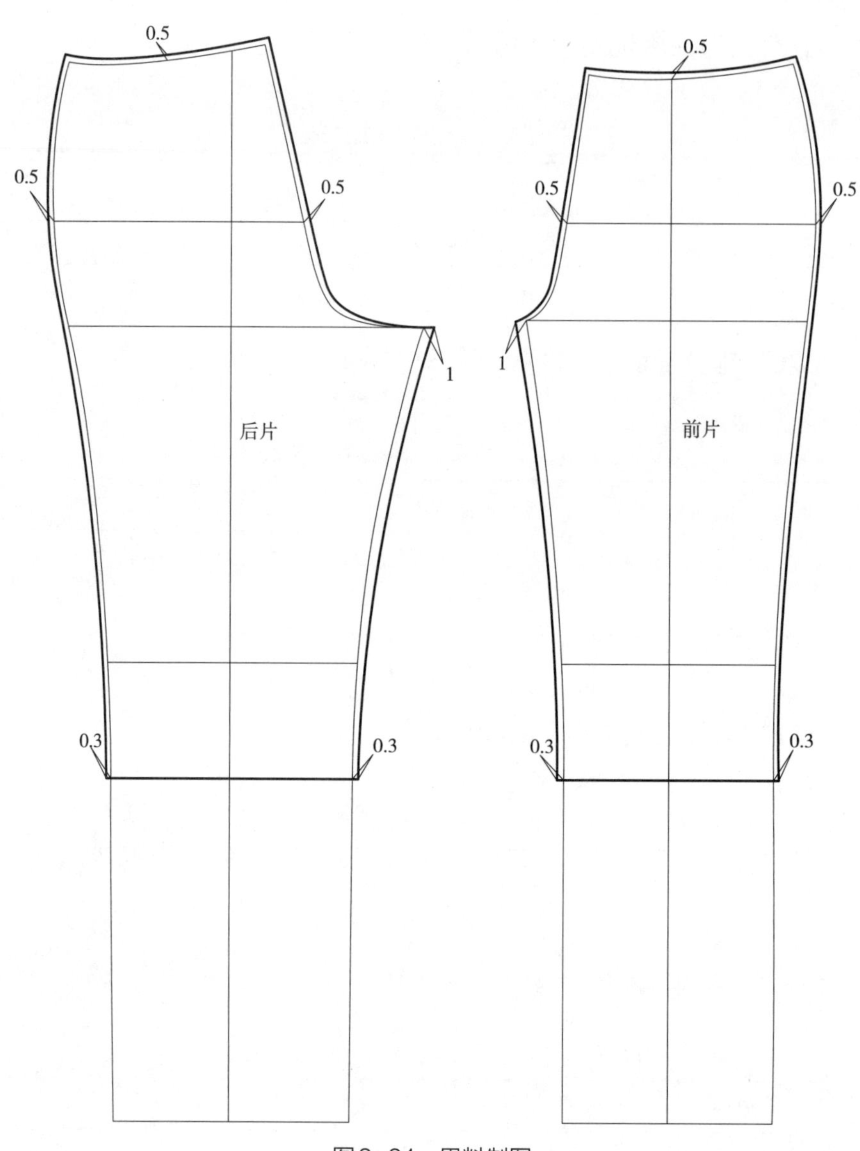

图3-24 里料制图

第四章

裤片的展开、借片、拼接与口袋制图

第一节　前片展开

裤片展开一般都是在前片上比较多，后片很少。

一、前片中裆两侧抽10cm碎褶

第一步，将前片中裆侧缝两侧找两个定位点A、B，如图4-1所示。

第二步，均匀将线段AB分成四等份，过各等分点作中裆线的平行线，如图4-2所示。

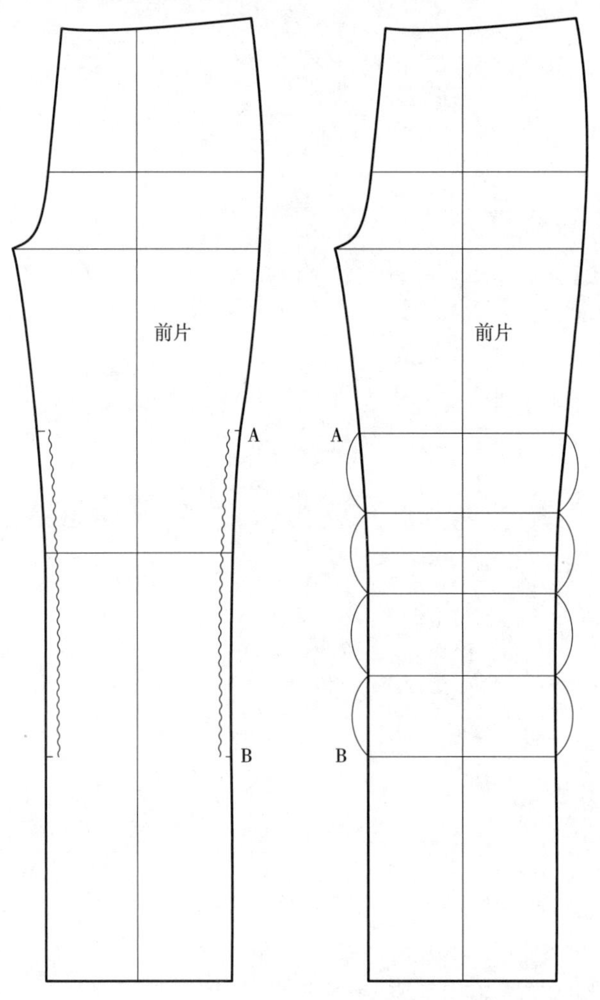

图4-1　找定位点　　　　图4-2　四等分定位点间距离

第三步，将每一份沿平行线剪开，然后均匀拉长至所需的10cm抽褶长度，如图4-3所示。

第四步，将前片中裆两侧的侧缝线、下裆线四个定位点打上刀口，作为缝纫标记如图4-4所示。

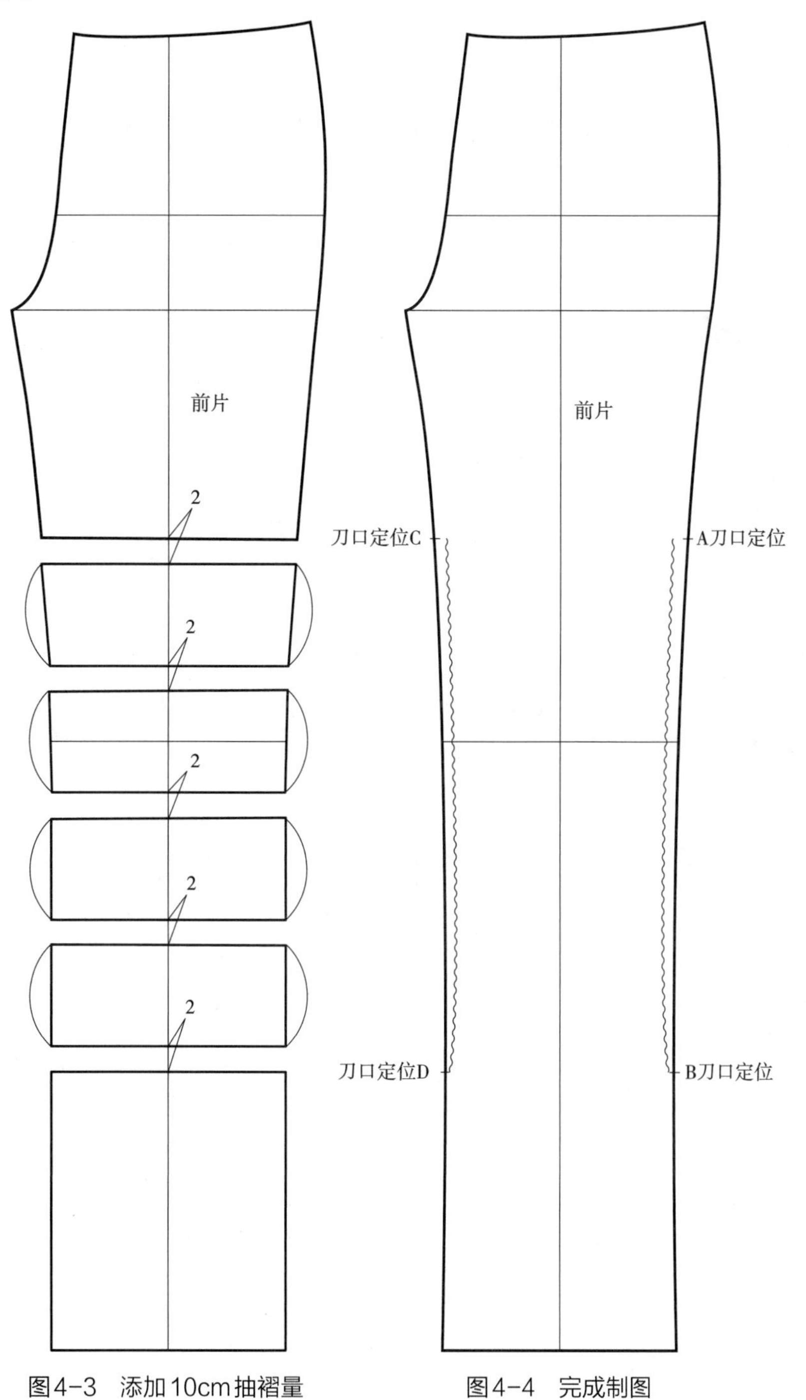

图4-3　添加10cm抽褶量　　图4-4　完成制图

二、前片侧缝中裆双省展开

第一步，在前片侧缝中裆附近选择两个做省的点A、B，确定省道长度，如图4-5所示。

第二步，将省道剪开至下裆线，固定下裆缝线C、D两点处，展开侧缝线，如图4-6所示。

第三步，按省长画好省，再补省尖，如图4-7所示。

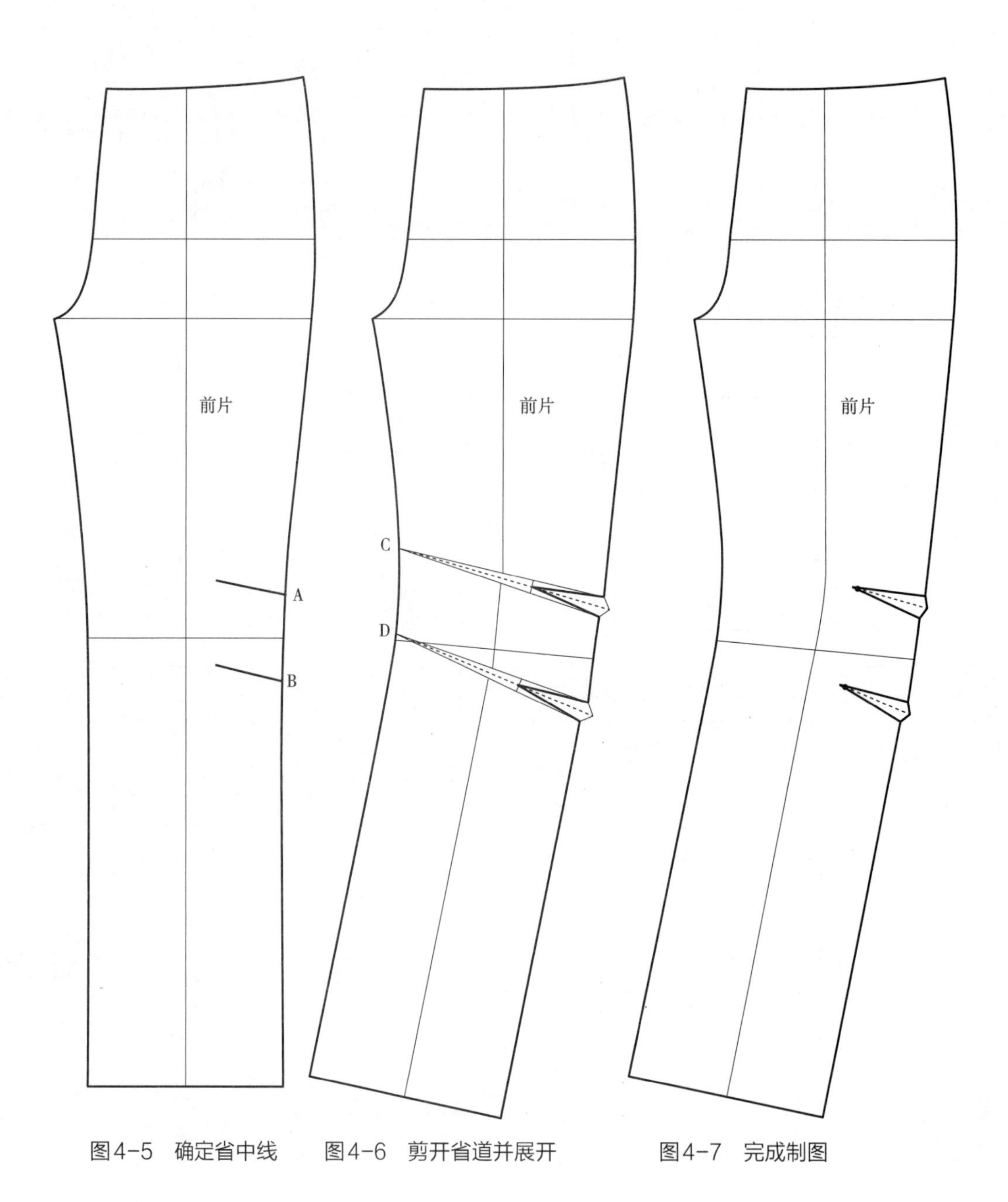

图4-5　确定省中线　　图4-6　剪开省道并展开　　图4-7　完成制图

三、前片上侧缝省与脚口省展开方法

第一步，确定上侧缝省道和下脚口挺缝线处省道，如图4–8所示。

第二步，上侧缝省道在腰口上面补，下脚口中省在脚口两侧各补省大的二分之一，如图4–9所示。

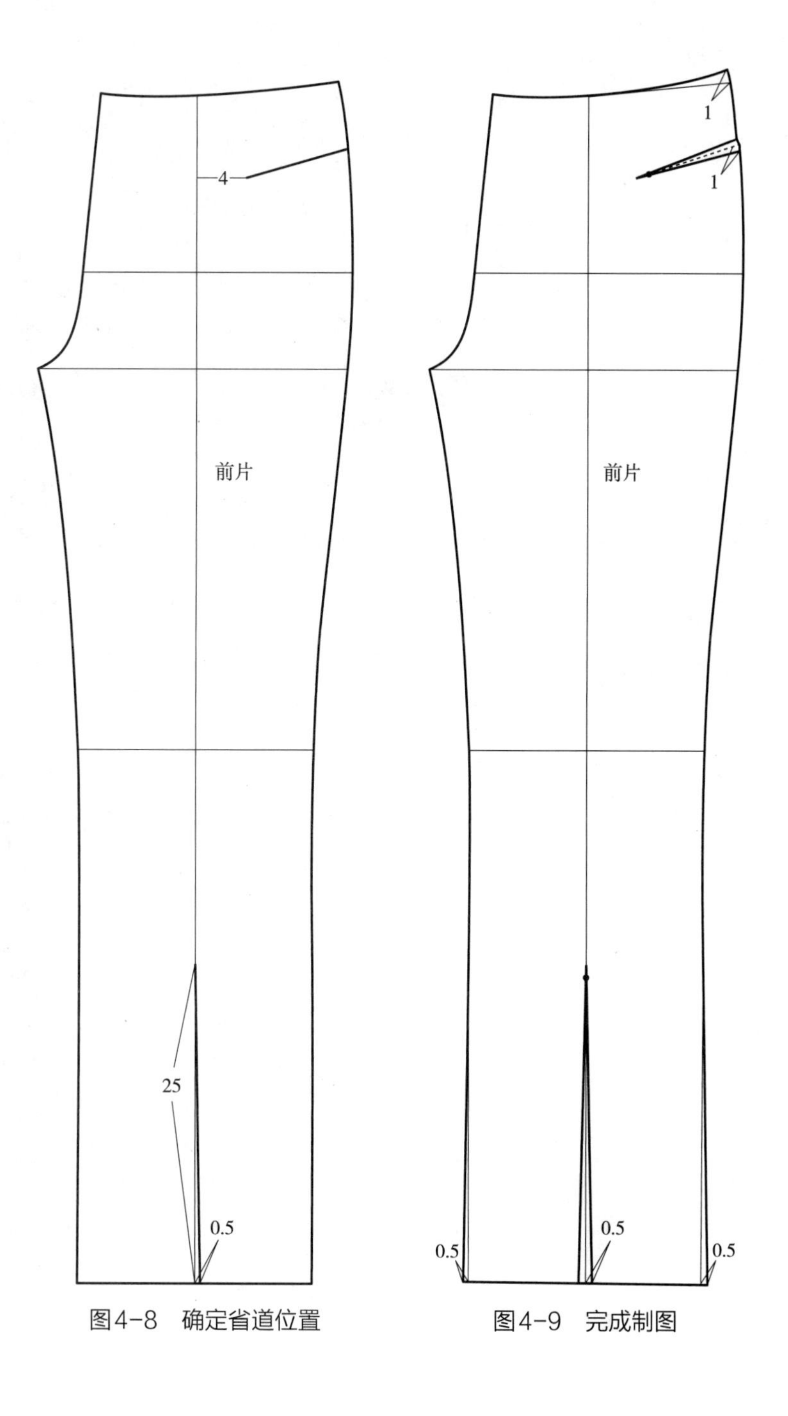

图4–8　确定省道位置　　图4–9　完成制图

四、前袋口省与侧脚口省展开方法

第一步，确定袋口省，确定脚口外侧省，如图4-10所示。

第二步，袋口省在侧缝补，脚口外侧省在外侧一面补，如图4-11所示。

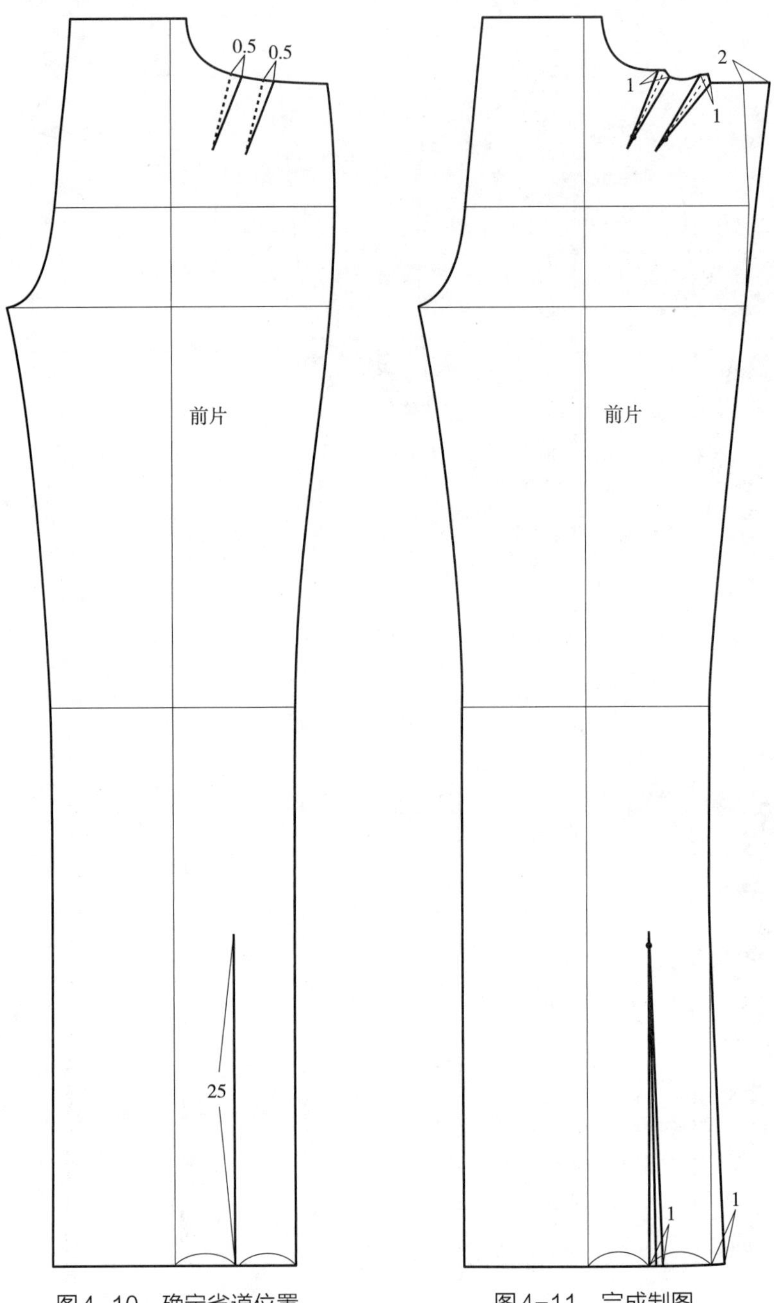

图4-10　确定省道位置

图4-11　完成制图

第二节　借片

在腰围、臀围比例变化的情况下，将前片的一部分减掉，拼接到后片上，这样做只变款式，板型不变化。

一、后片借前片

将前片侧缝减掉1.5cm，然后拼接在后片侧缝上，如图4-12所示。

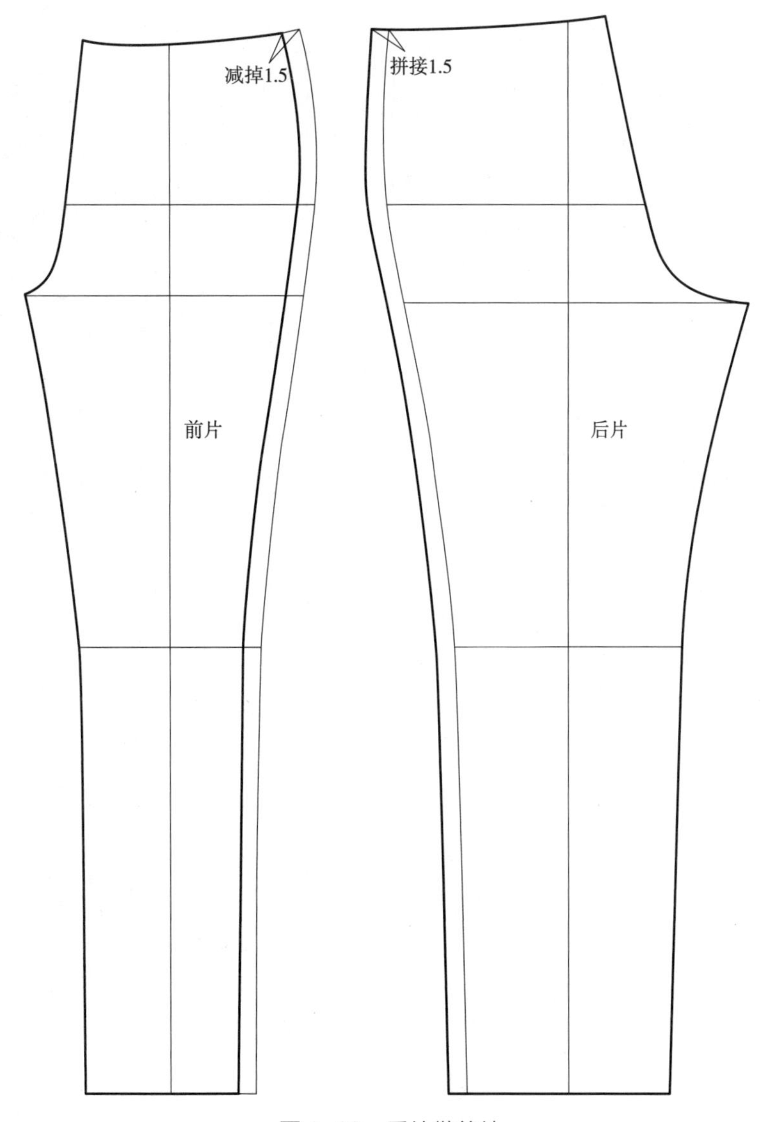

图4-12　后片借前片

二、前后借片

将前、后片在侧缝处各减掉1.5cm，然后再另裁一条3cm的侧条，如图4-13所示。

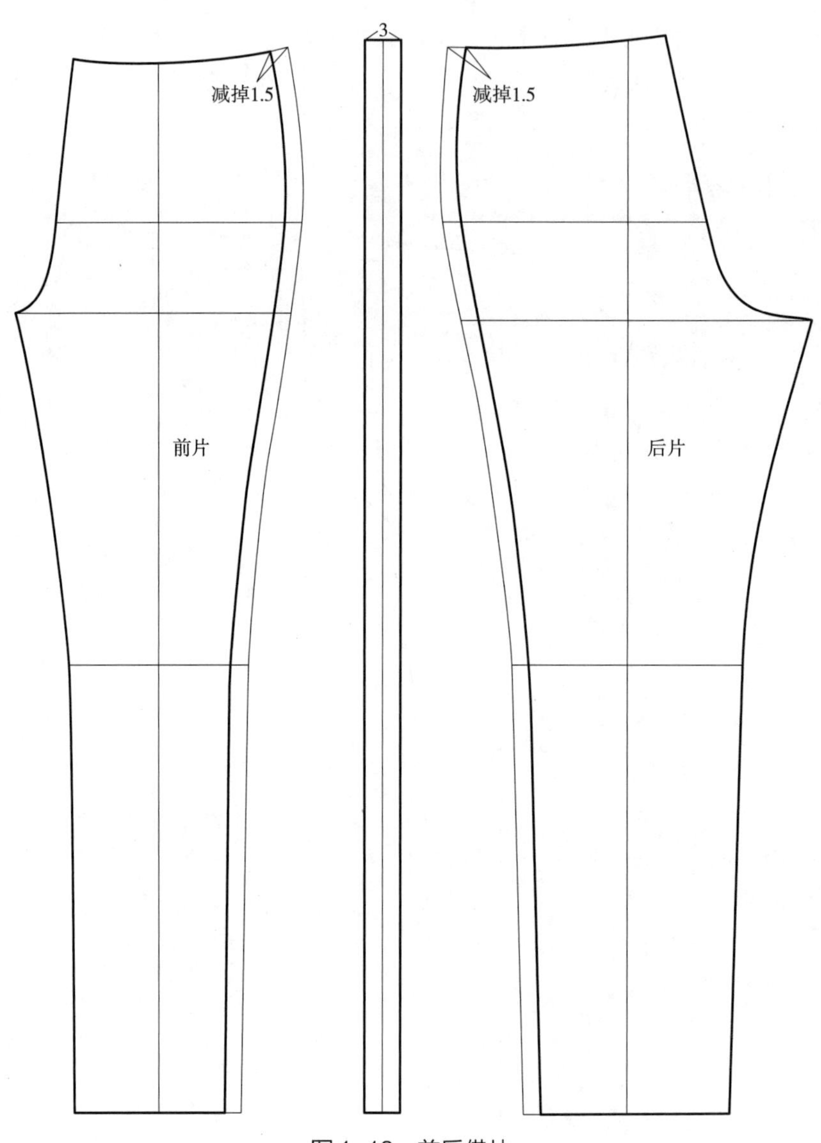

图4-13　前后借片

第三节　前、后育克拼接

将前后育克从裤板上拿掉，然后侧缝拼接成一整体，无弹、微弹、中弹面料不适合使用这种方法，因为侧缝是弧线，当拼接以后，会出现1cm的重合量，成品穿着以后，会造成胯部过紧，不便于活动。如果款式不能更改，必须要做的话，需使用高弹面料，将前后育克面料改成高弹面料或螺纹面料，就可以了，如图4-14所示。

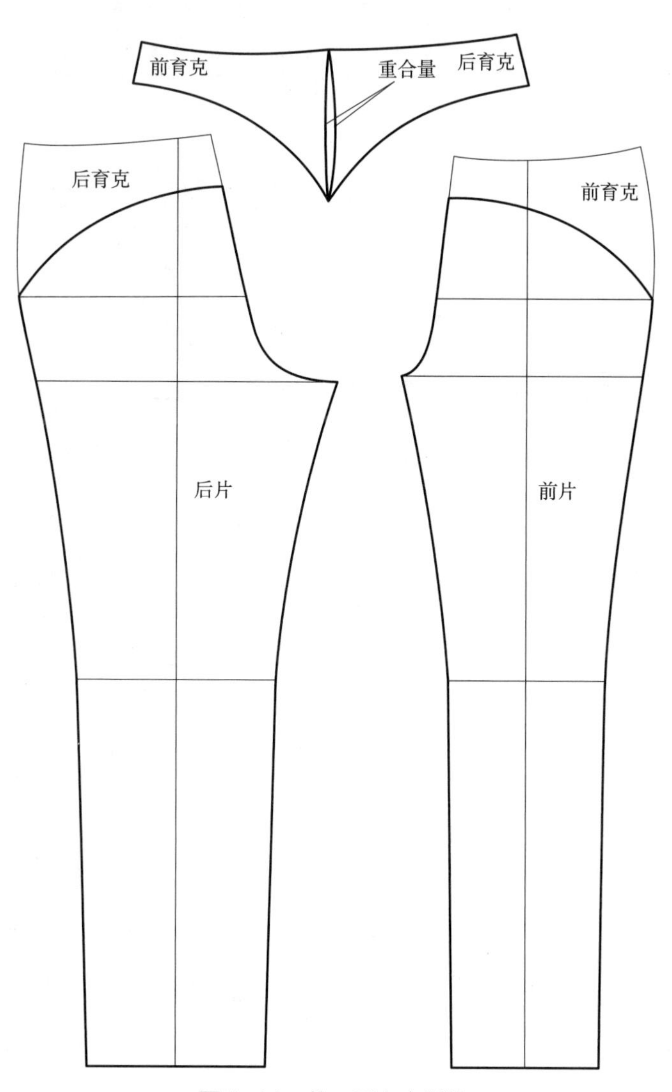

图4-14　前、后育克拼接

第四节　口袋制图

一、前、后裤袋定位板制图

女裤前、后袋尺寸数据参考表见表4-1。

表4-1　女裤前、后袋尺寸数据参考表　　单位：cm

名　称	前片袋距腰口线距离	前片袋距侧缝距离	前袋口大	后袋高	后侧缝距	后袋口大
直腰西裤	4～5	0.3H	0.1H	侧7.5，后中7.5～8	0.4H	0.1H+4
圆弧腰裤	4～5	0.3H	0.1H	侧6.5，后中6.5～7	0.4H	0.1H+3.5

（1）复制直腰前后裤片母板，再在前后裤片上按表格中数据制作定位板，如图4-15（a）所示。

（2）前袋定位板按腰围线与侧缝线交点对齐定位（前袋定位板侧缝按号型推放，每个号型一个板），如图4-15（b）所示。

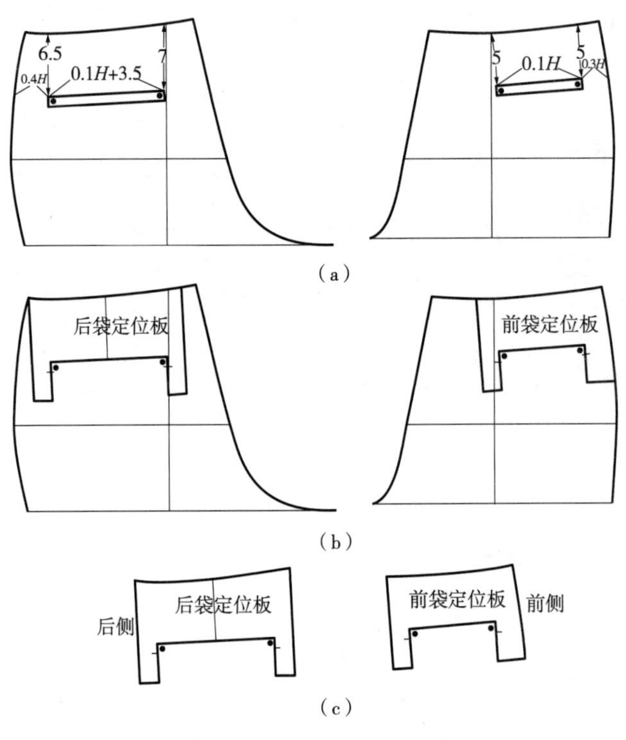

图4-15　袋定位板制图

（3）后袋定位按后袋中线与腰围线交点对齐定位（后袋定位板各号通用）。如果直接打孔，袋口上线、左右线各向里0.5cm打孔定位，如图4-15（c）所示。

二、明贴袋制图

（一）明贴袋（款一）

第一步，将袋板从裤片上复制下来［图4-16（a）］。具体细节尺寸如图4-16（b）所示。

第二步，制作袋盖、大袋净板（需要0.5mm厚百花铁皮制作），大袋净板一圈留3cm宽，其余中间部位全部扣空，避免烫台整烫时蒸汽烫手，袋盖前面打定位刀口，两侧打大袋长度定位刀口。

第三步，大袋放缝按压明线宽度+0.5cm来确定，其他三面各放缝1.2cm。毛板纱向按图所示，如图4-16所示。

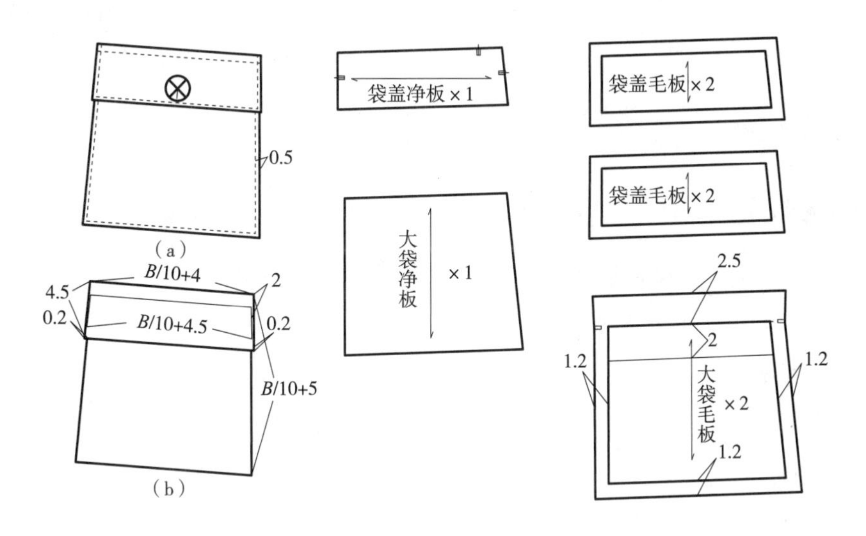

图4-16　明贴袋（款一）

（二）明贴袋（款二）

第一步，将袋板从裤片上复制下来，如图4-17（a）所示。

第二步，制作袋盖、大袋净板（需要0.5mm厚百花铁皮制作），大袋净板一圈留3cm宽，其余中间部位全部扣空，避免烫台整烫时蒸汽烫手，袋盖前面打定位刀口，两侧打大袋长度定位刀口（袋盖需要制作两块板，因为电脑制板每块板，毛板只能出图，这样我们就可以毛板出图四个袋盖）。袋净板制作两块，一块留着整烫时用，一块制作展开毛板。

第三步，大袋口放缝按压明线宽度+0.5cm来确定，其他三面各放缝1.2cm。

第四步，大袋明贴条净板要比毛板长3cm（便于整烫），毛板与大袋放缝相同。

第五步，纽扣定位要根据纽扣的大小而定，距袋盖下方距离为纽扣二分之一加0.5cm。毛板纱向如图4-17所示。

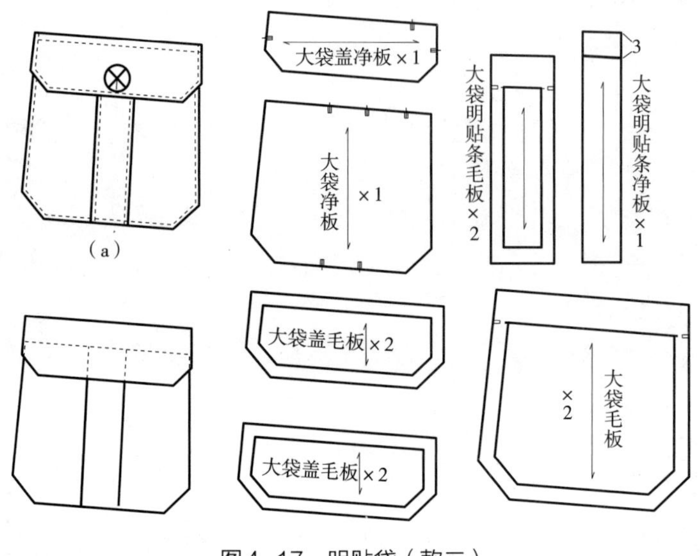

图4-17 明贴袋（款二）

（三）明贴袋（款三）

在款二的基础上，我们将大袋明贴条改成做活褶，就变成另外一个款式，将大袋中心两侧展开，成两个活褶，袋净板制作两块，一块留着整烫时用，一块制作展开毛板。毛板纱向按图所示，如图4-18所示。

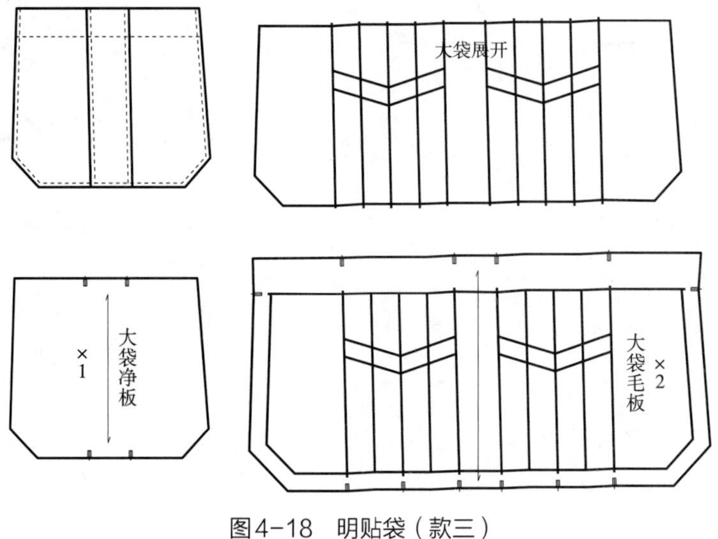

图4-18 明贴袋（款三）

三、挖袋制图

（一）挖袋（款一）

第一步，将袋板从裤片上复制下来。

第二步，袋牙净板变化。袋牙毛板宽度 = 袋牙 ×2+0.5cm，长度两端放缝各 1.5cm，宽度两端放缝各 1cm（袋牙需要制作两块板）。

第三步，上下袋布及垫袋布四面各放缝 1cm，毛板纱向如图 4-19 所示。

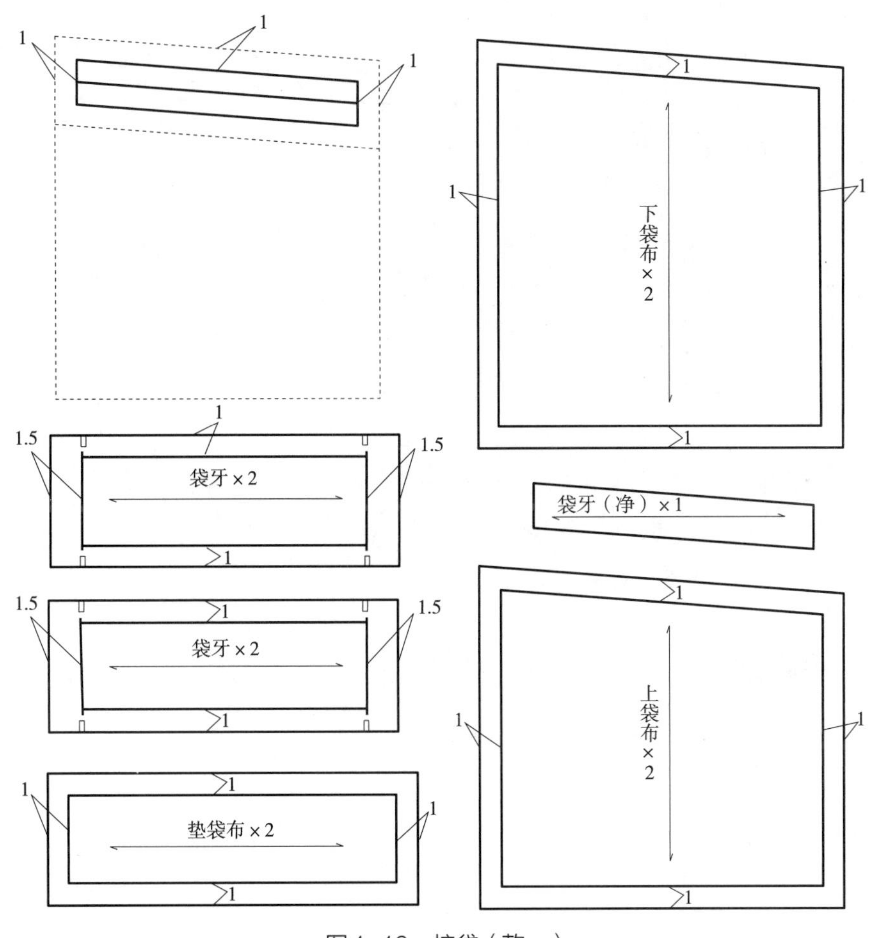

图4-19　挖袋（款一）

（二）挖袋（款二）

款二制作步骤与款一相同，如图 4-20 所示。

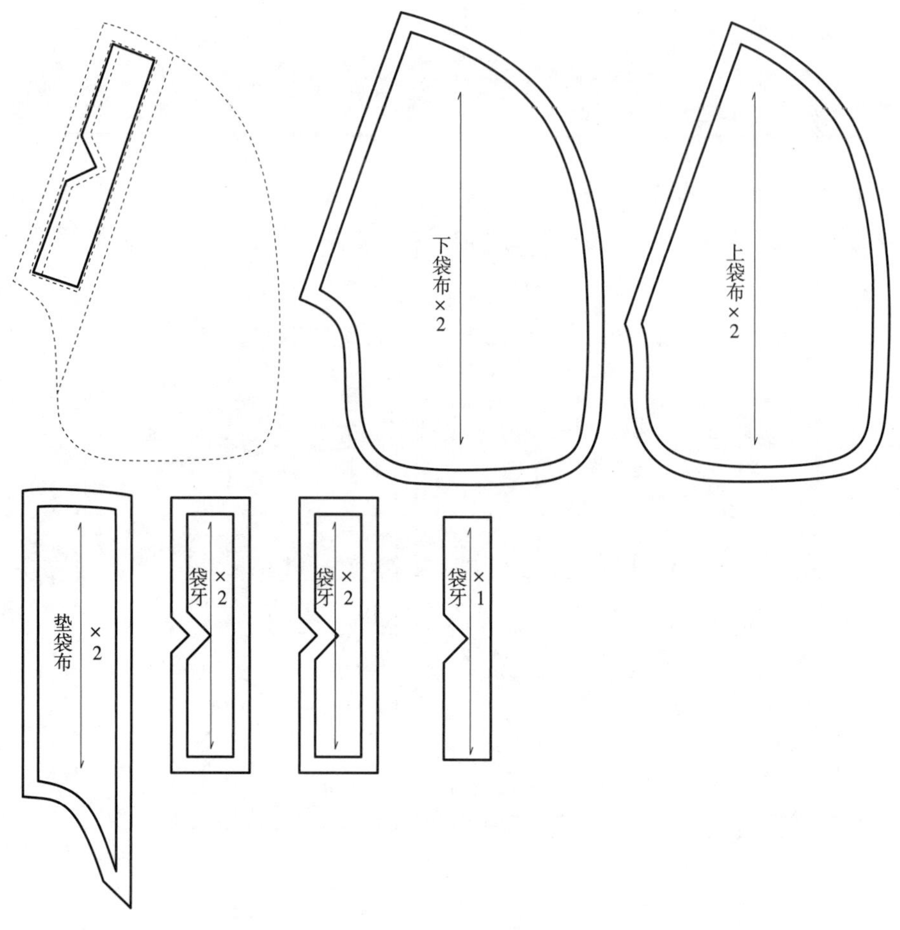

图4-20　挖袋（款二）

四、吊袋制图

（一）圆角吊袋

吊袋属于明贴袋类，只是多了一个立条，立条长度是袋净板A—B（左右下三面）的长度。其他与明贴袋相同，如图4-21所示。

（二）直角吊袋（款一）

直角吊袋是连立条的，将下面的两个缺口减掉就可以了。其他做法变化，如图4-22所示。

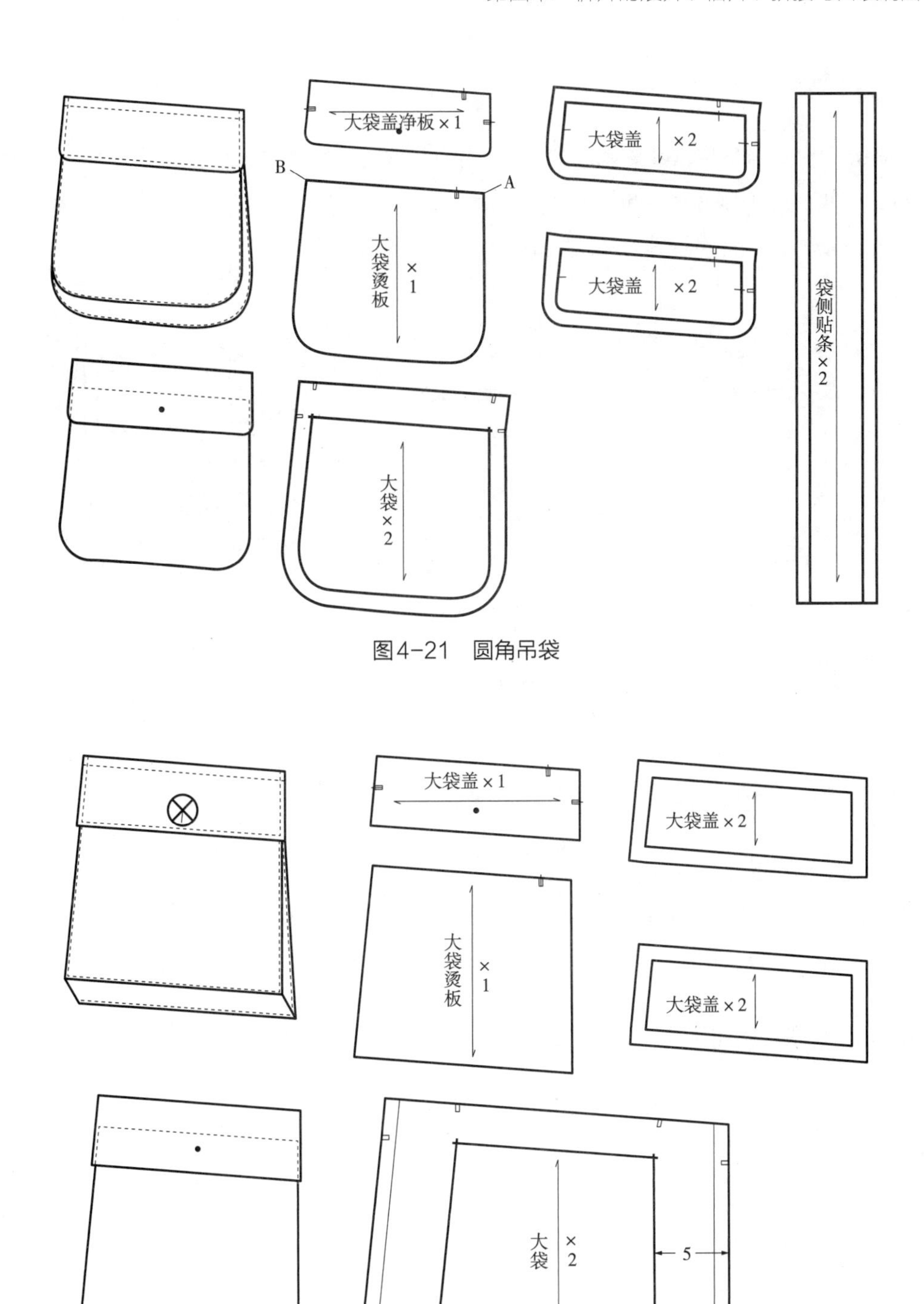

图4-21　圆角吊袋

图4-22　直角吊袋（款一）

（三）直角吊袋（款二）

此款也是直角吊袋，其立体效果是一个半吊袋的感觉（常用于上衣的中山装），在休闲裤的中裆侧缝可以使用。也是一个连立条，缺角制作方法（大袋在缝制时需要在袋里面掏着缝制，见反面效果图）。其他做法变化，如图4-23所示。

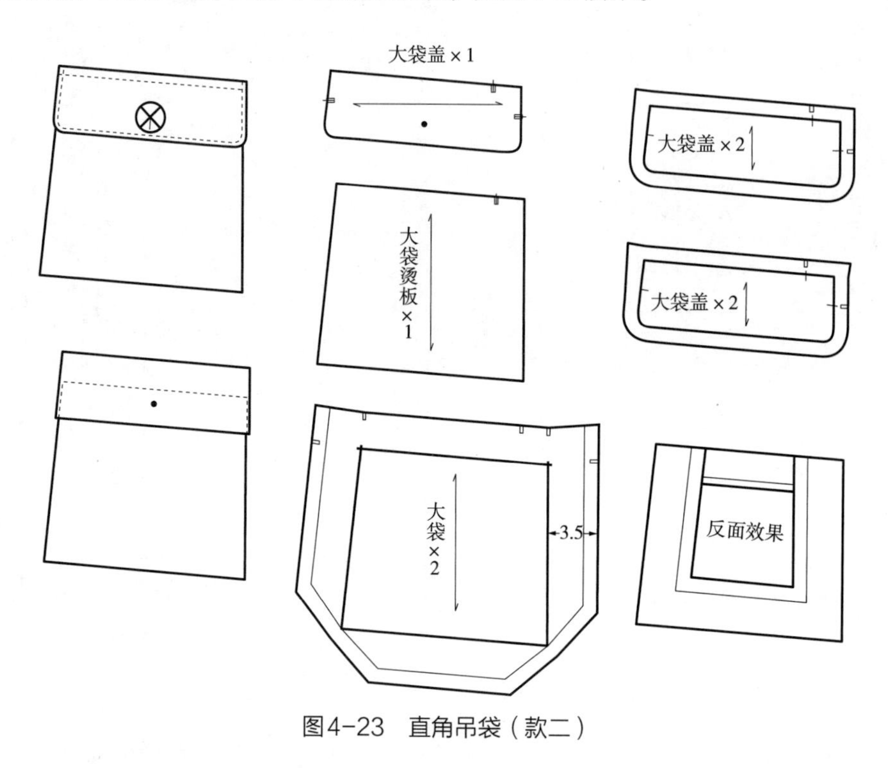

图4-23 直角吊袋（款二）

五、展开袋制图

（一）袋口抽褶

将上袋口单边展开适当的褶量，然后包条即可（包条处为净尺寸，不放缝）。其他与明贴袋相同，如图4-24所示。

（二）袋口打活褶

袋口单边展开后，打三个活褶，袋口里面另加一块垫条。其他与明贴袋相同，如图4-25所示。

（三）袋下角收省

第一步，将口袋净板剪成三块（成品袋省0.5cm）。

第二步，从中心向左右下三面各展开0.4cm。

第三步，按原始省长度从新画省，放缝即可。其他与明贴袋相同，如图4-26所示。

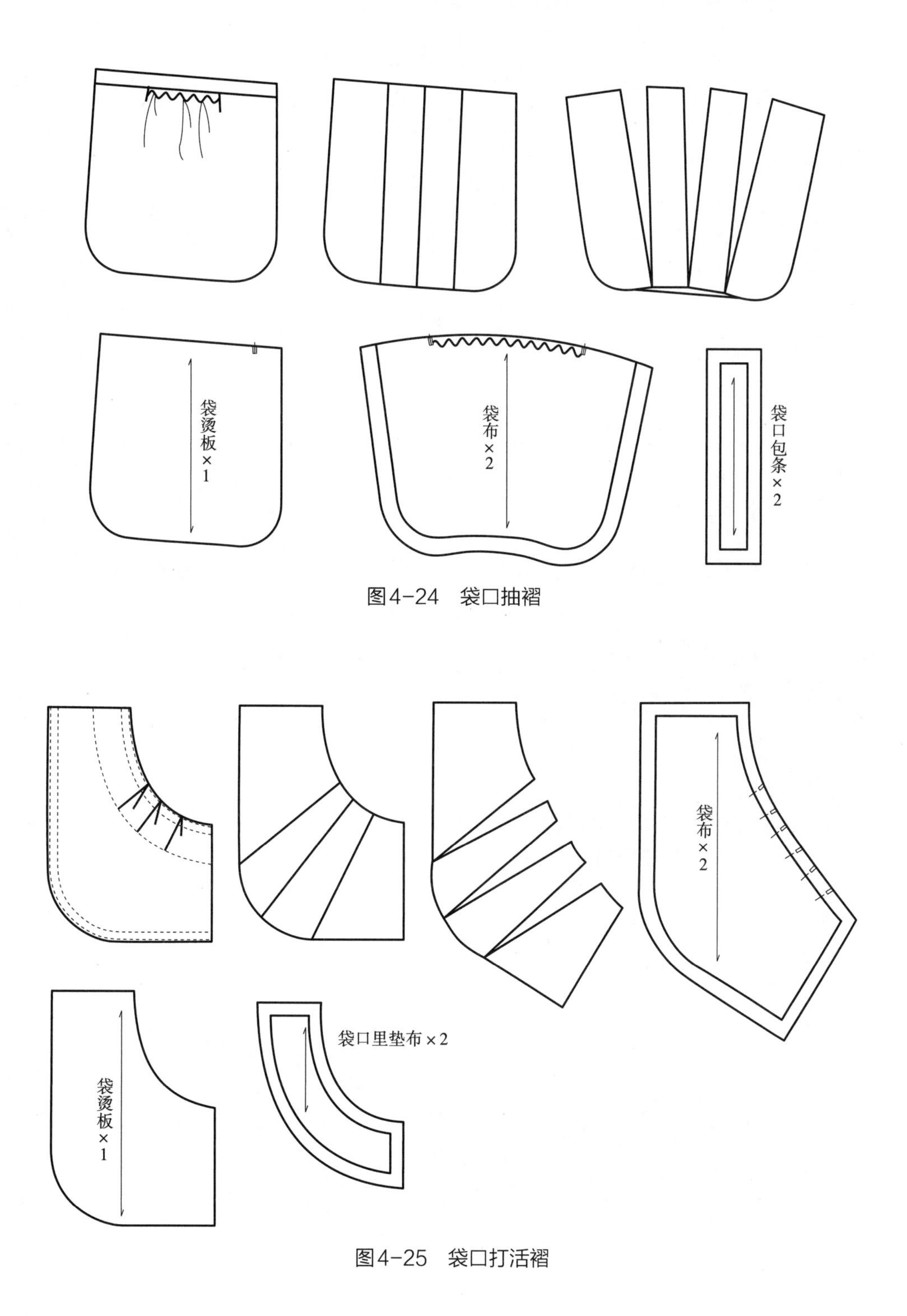

图4-24　袋口抽褶

图4-25　袋口打活褶

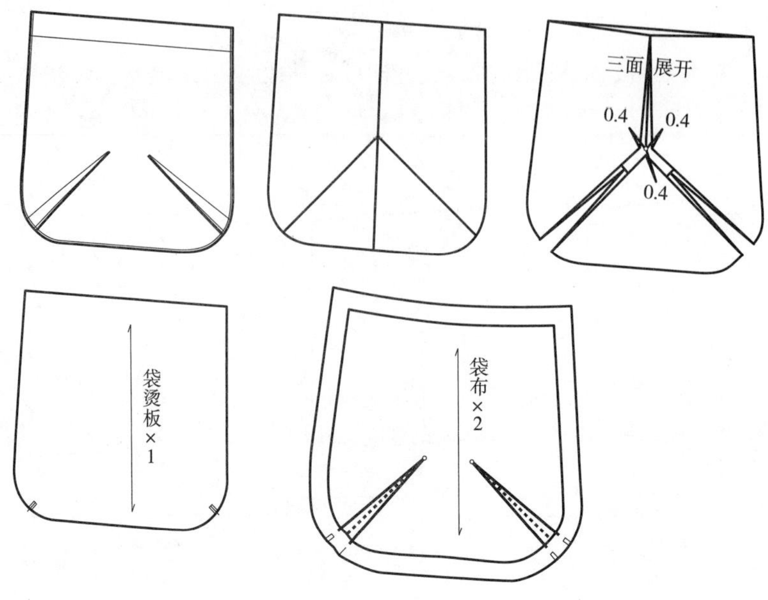

图4-26 袋下角收省

（四）袋下角压死褶袋

将袋下角45°展开所需的褶量，放缝即可。此款分两种：一种上倒褶，展开褶出尖角；一种下倒褶，展开褶收进，无尖角，如图4-27所示。

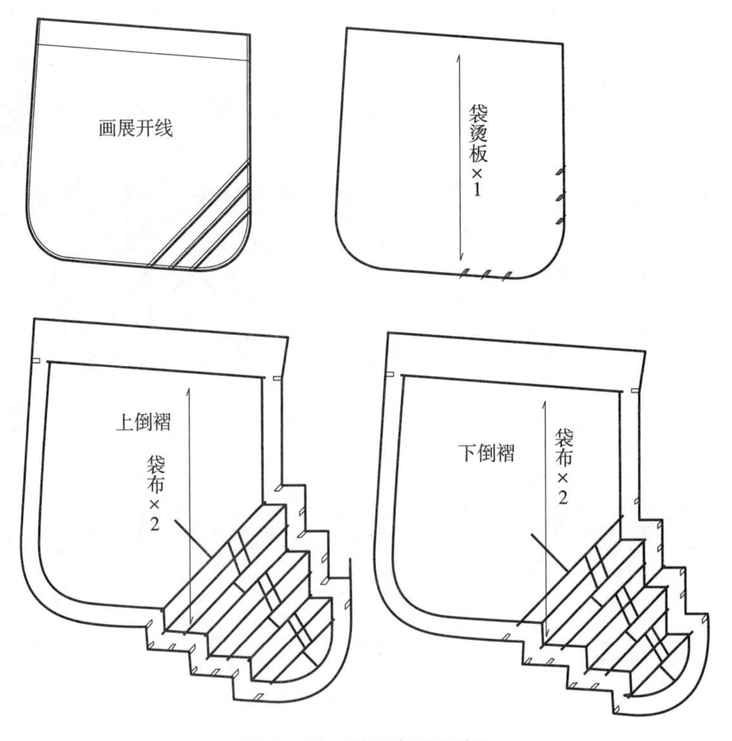

图4-27 袋下角压死褶

第五节　袋牙、袋盖效果图

一、袋牙款式（图4-28）

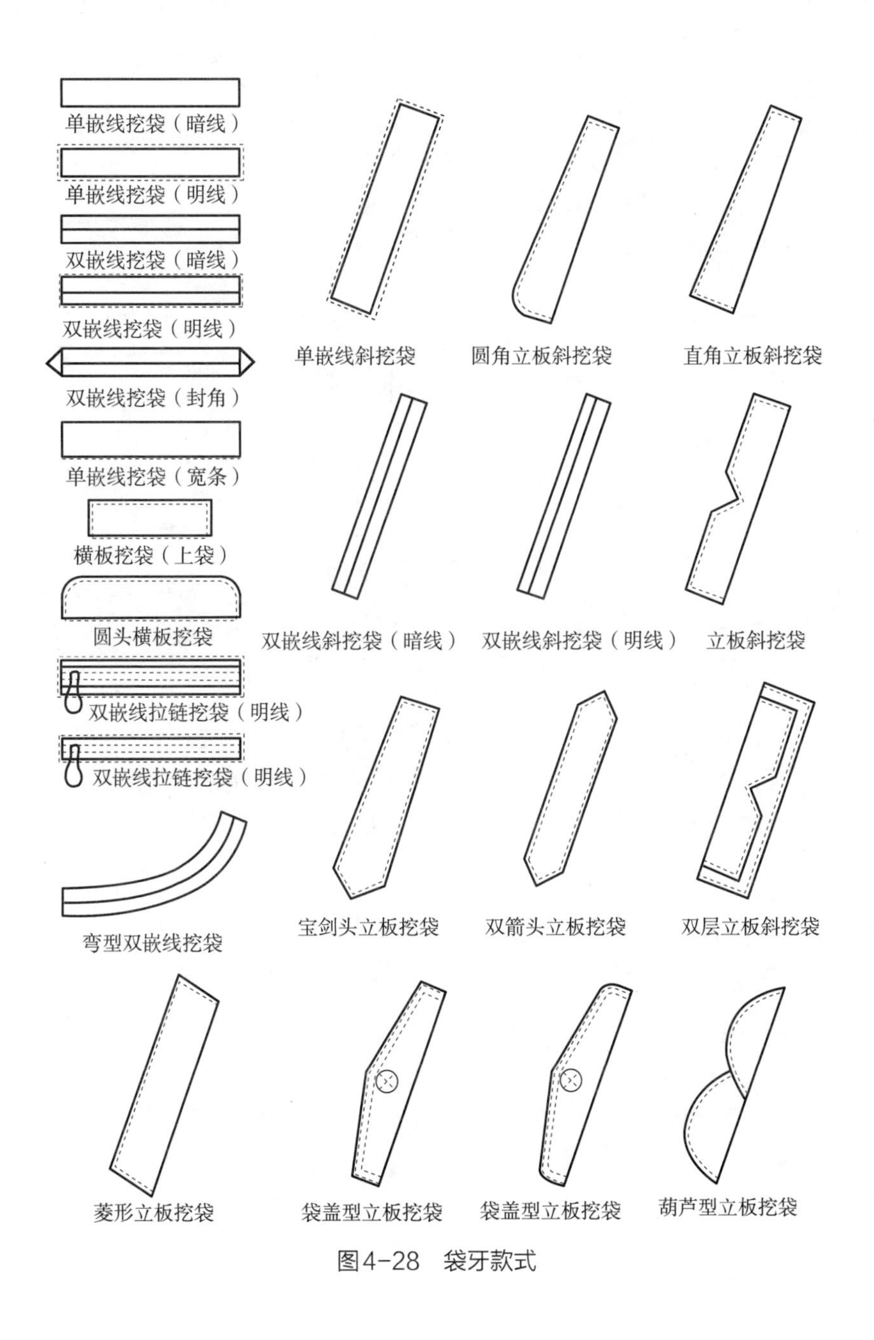

图4-28　袋牙款式

二、袋盖款式（图4-29）

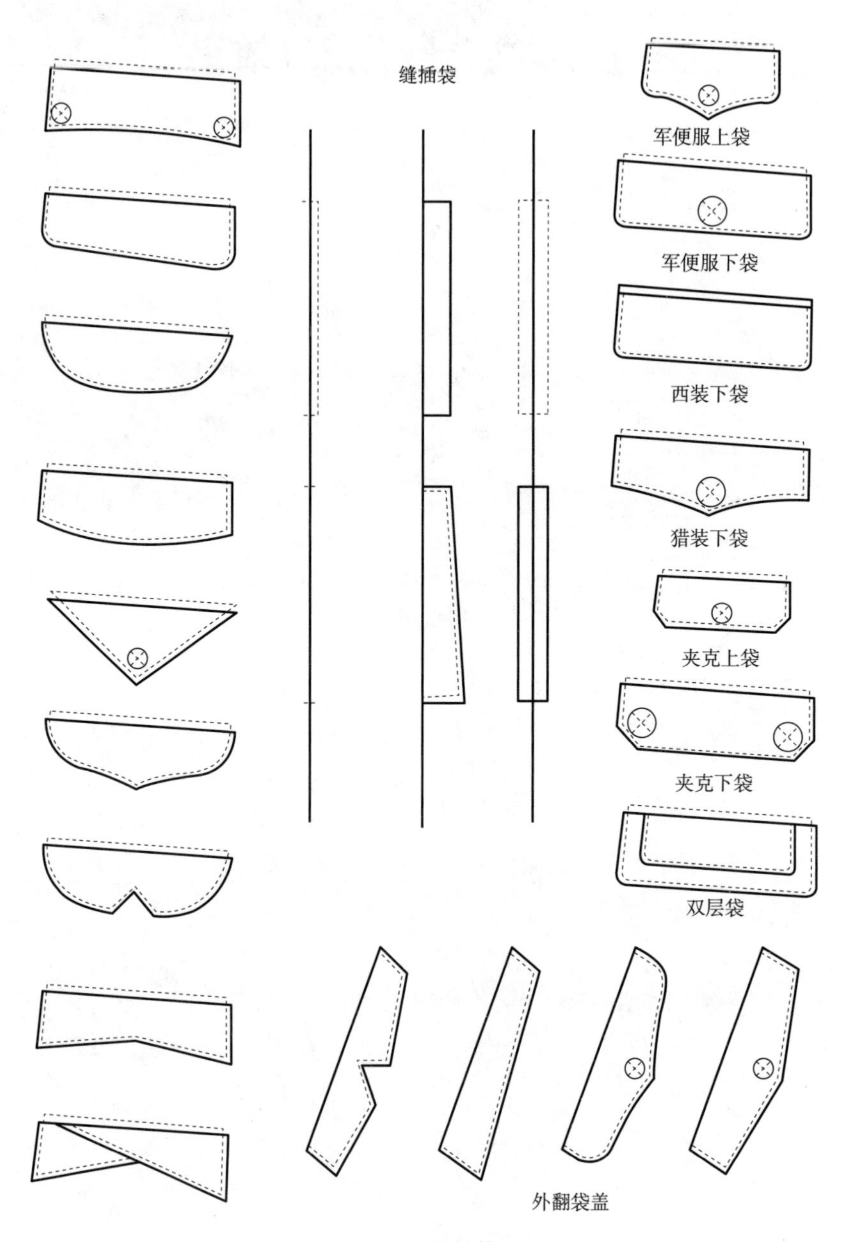

图4-29　袋盖款式

第五章

女裤生产样板制图

第一节　圆弧腰小锥裤生产样板制图

本书中女裤的基础制图方法已经讲过了接下来在这个基础上讲解在实际生产中女裤样板的制作。面料确定为高四弹，那么我们就可以把臀围为86cm的板样（前后片、腰头板样）调出来，在上面直接添加，这样做既省事又省力，而且板型不会出现错误（长度、款式随意调整，肥瘦不变）。

一、款式一

母板臀围86cm，腰头宽3.5cm，立裆21.5cm。

（1）在基础板上将前、后袋、前门襟、后育克、后袋定位板的图画好（前袋布宽度：烫迹线向前1cm，袋深度：前袋下口向下15～17cm，侧边距离侧缝线1.5cm），如图5-1所示。

（2）将前后袋、前门、后翘、后袋定位板剪切走，留下前、后片，将前门襟定位点、后袋定位点打上刀口即可，如图5-2所示。

（3）复切下来的附件净板，如图5-3所示。

（4）裤脚放缝3.5cm，其他放缝1.1cm，如图5-4所示。

（5）前门襟腰口处净样板（门襟宽2.5cm处）需要放1cm缝份，后袋口如果锁边，放缝按明线宽度+0.5cm即可，如果做净，放缝按明线宽度+1.1cm即可，腰头样板为一套净板、一套毛板。其他放缝均为1.1cm，如图5-5所示。

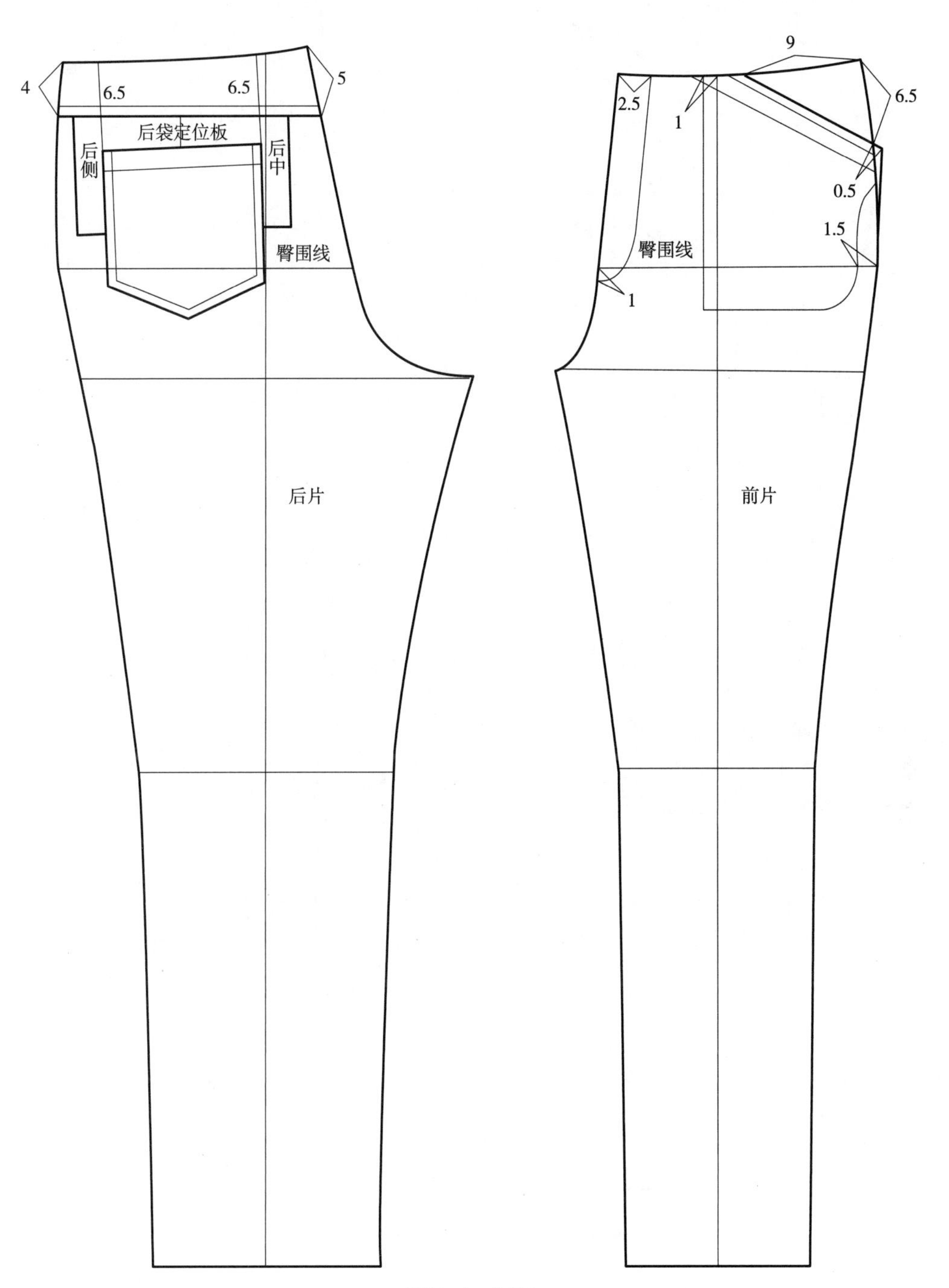

图5-1　制图

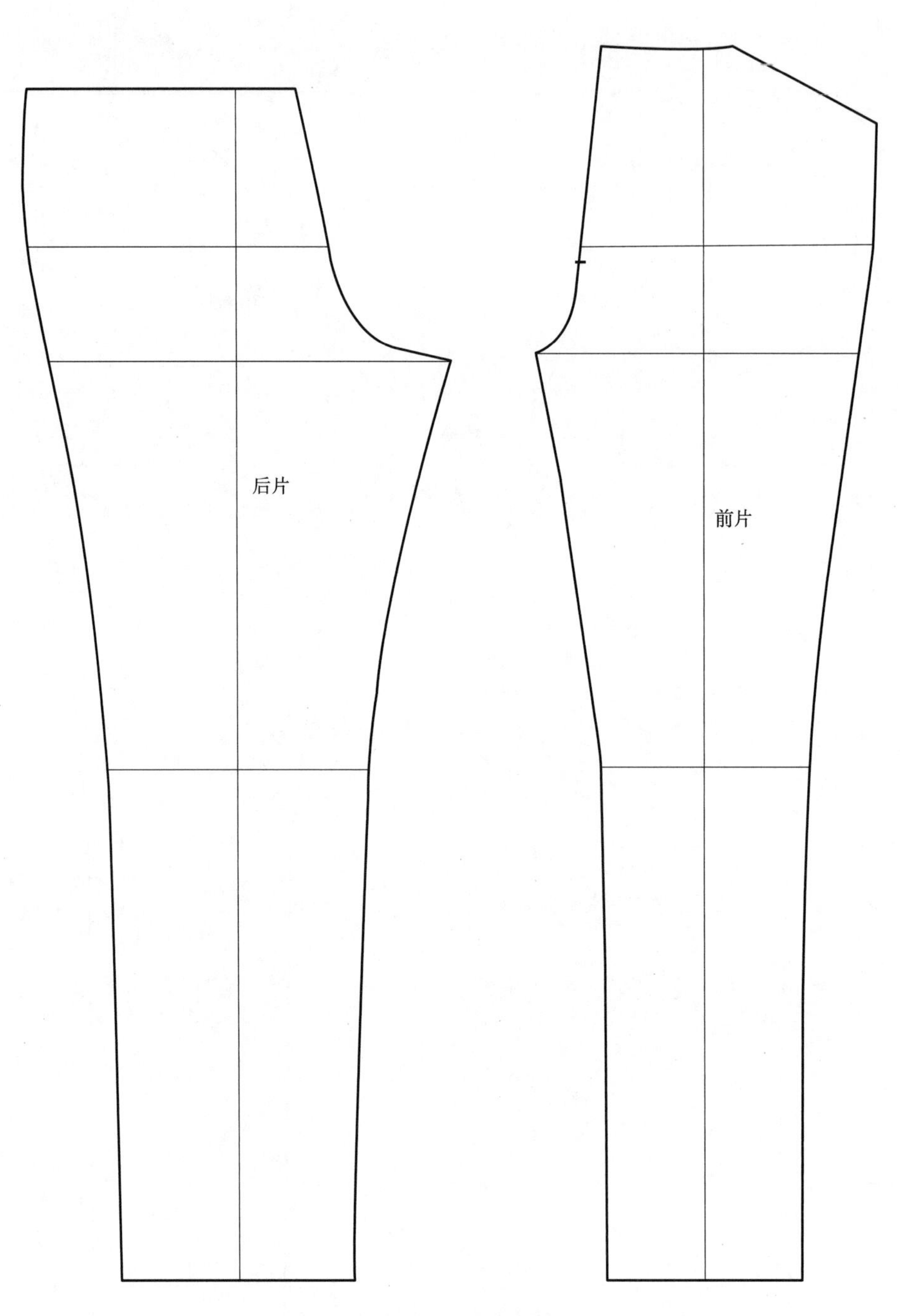

图5-2 前后片净板

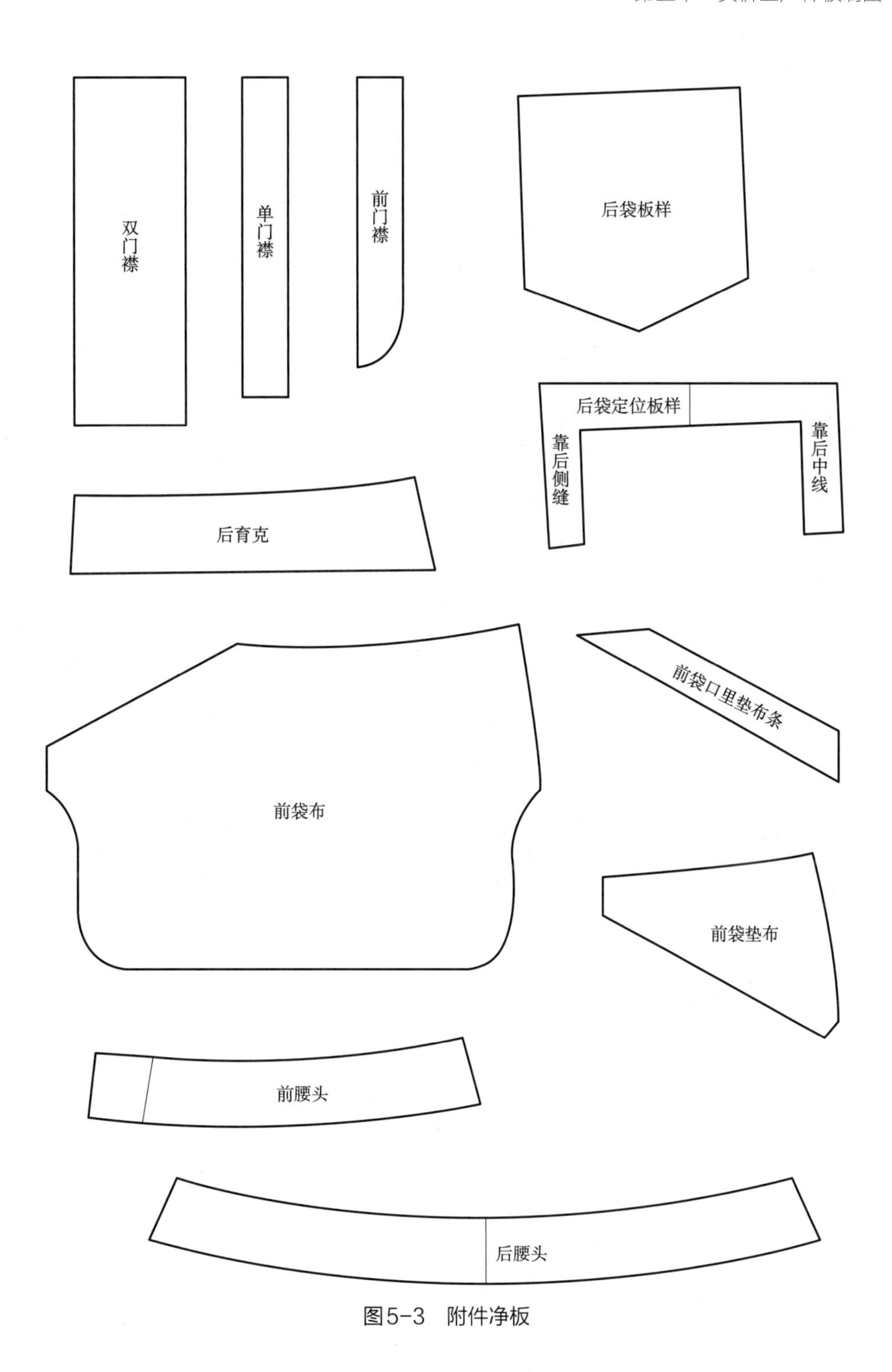
双门襟
单门襟
前门襟
后袋板样
后袋定位板样
靠后侧缝
靠后中线
后育克
前袋口里垫布条
前袋布
前袋垫布
前腰头
后腰头

图5-3　附件净板

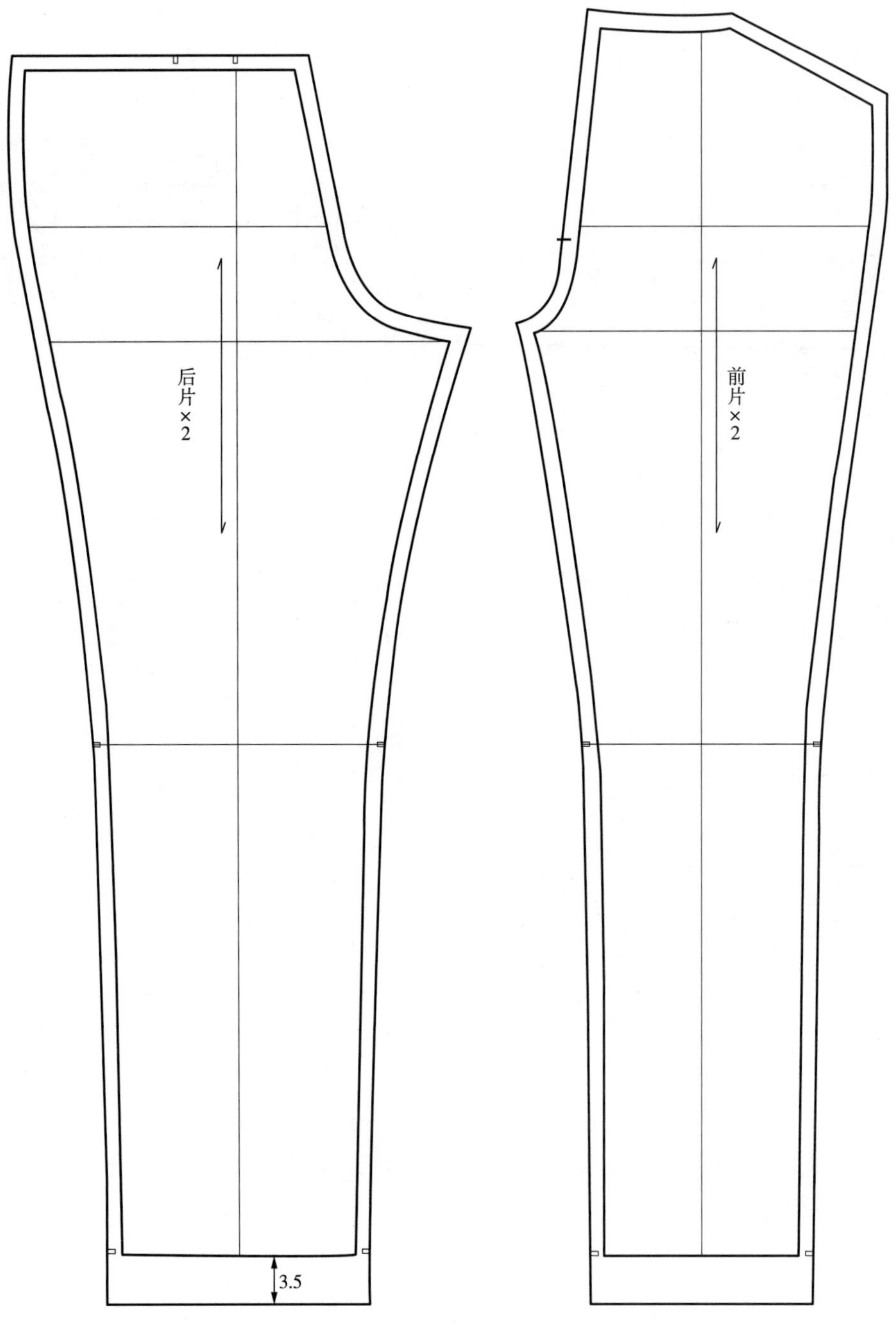

图5-4　样板放缝

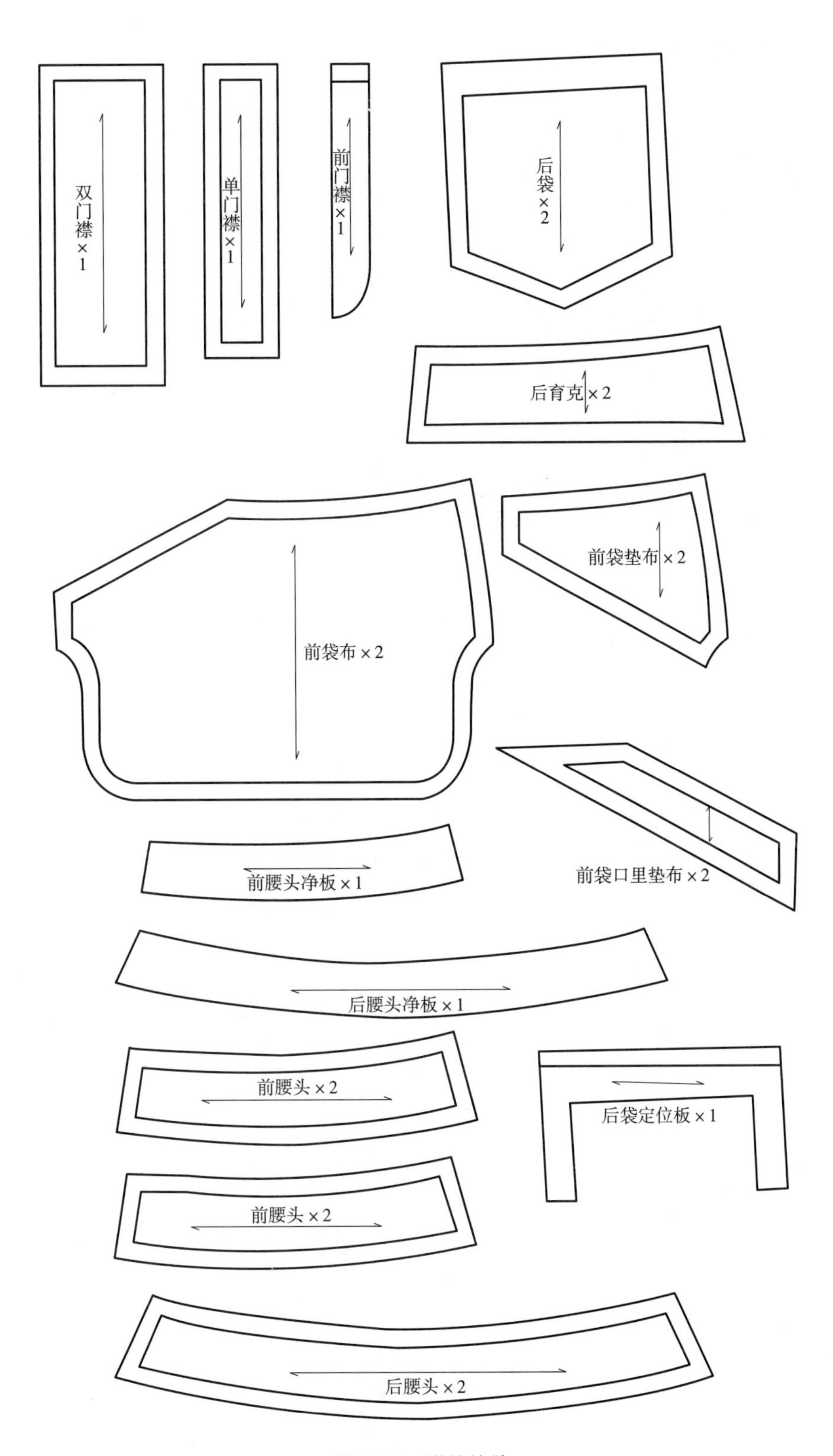
双门襟×1
单门襟×1
前门襟×1
后袋×2
后育克×2
前袋布×2
前袋垫布×2
前袋口里垫布×2
前腰头净板×1
后腰头净板×1
前腰头×2
后袋定位板×1
前腰头×2
后腰头×2

图5-5　附件放缝

二、款式二

母板臀围87cm，腰宽4cm，立裆21cm。

制作浅裆的裤板，先要确定立裆，比如，确定立裆为19cm，21cm–19cm=2cm，那么我们就要在基础腰头样板里找到立裆19cm的一套腰头样板，再里面挑选出需要的腰头样板（按腰头样板的宽度）。比如选择5cm宽的腰头样板，基础板腰头样板设定为4cm宽，5cm–4cm=1cm，那我们现在的立裆就变成了21cm–3cm=18cm了。下面按照这个尺寸我们来制作一套裤板。

调出臀围为87cm裤板和立裆为19cm的5cm宽腰头样板，实际立裆18cm。

（1）先将基础板21cm立裆减掉3cm，改成18cm立裆，如图5–6所示。

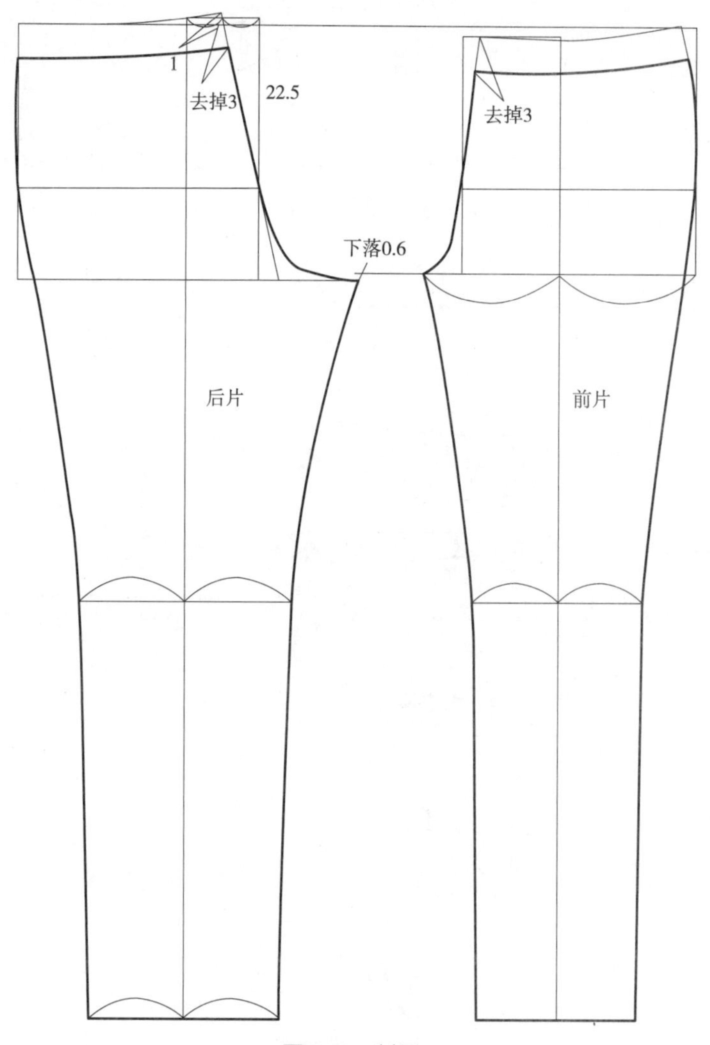

图5–6　制图

（2）按实际下腰围19.7cm重新配腰（腰围我们一直使用的是臀围为92cm的腰头样板，所以每次都要重新配腰）。前片两头补差数，19.7cm−19.3cm=0.4cm，0.4cm/2.5=0.16cm，0.4cm−0.16=0.24cm。后片一头补差数，如图5−7所示。

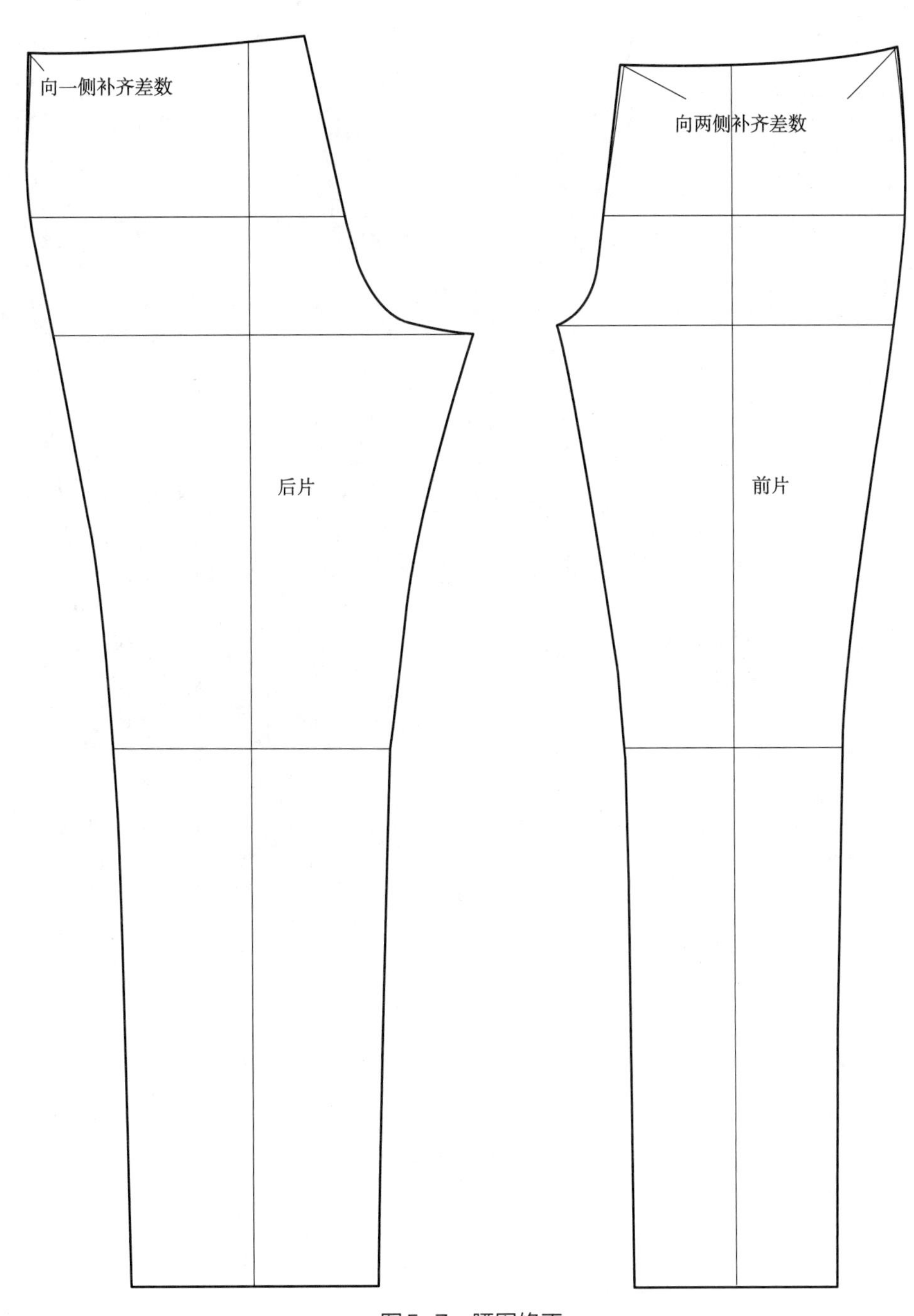

图5−7 腰围修正

（3）将前后袋、袋布、垫布、前门、后育克、后袋定位板制作好，如图5-8所示。

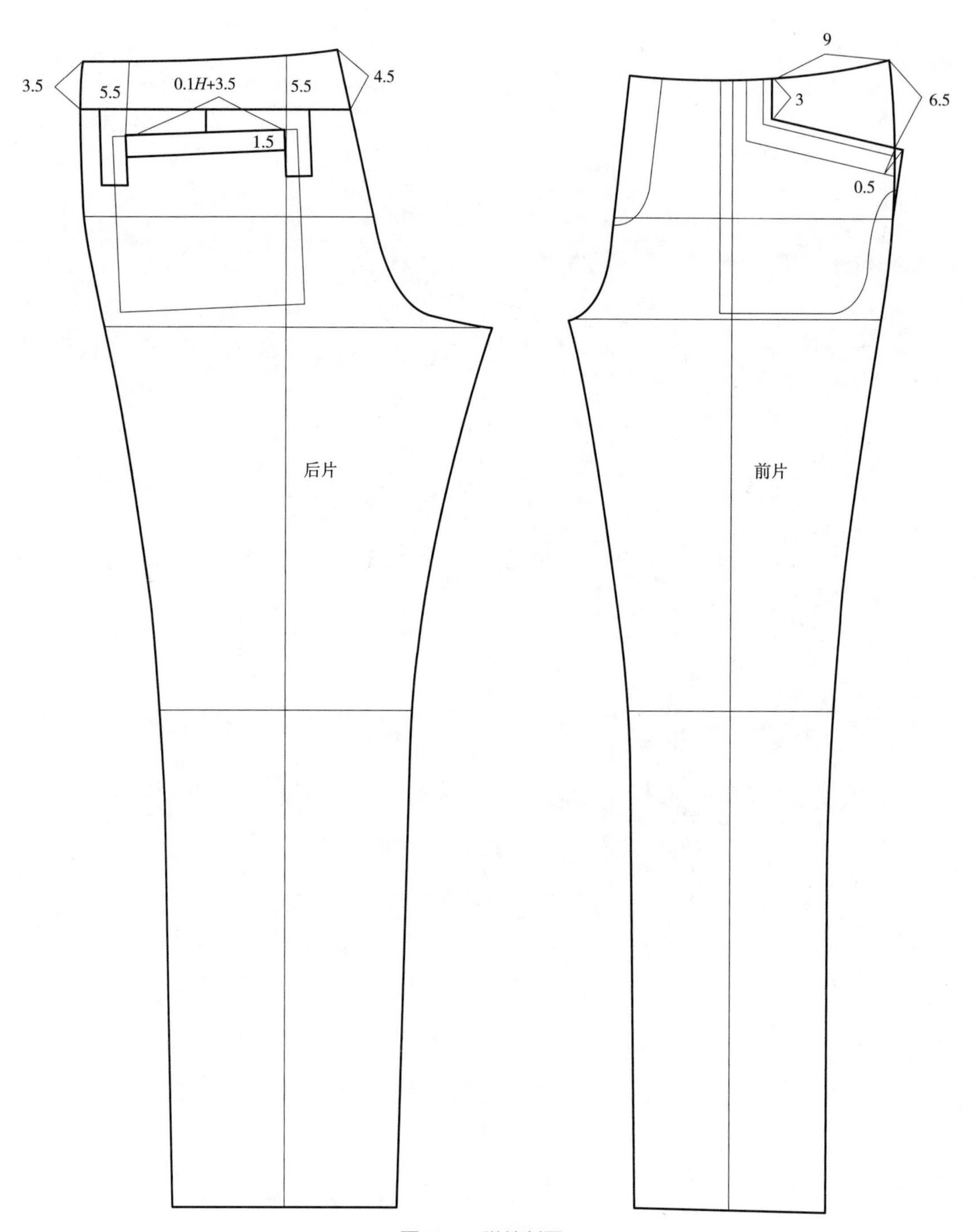

图5-8 附件制图

（4）将前片前门定位点打刀口，后片口袋定位点打刀口，如图5-9所示。

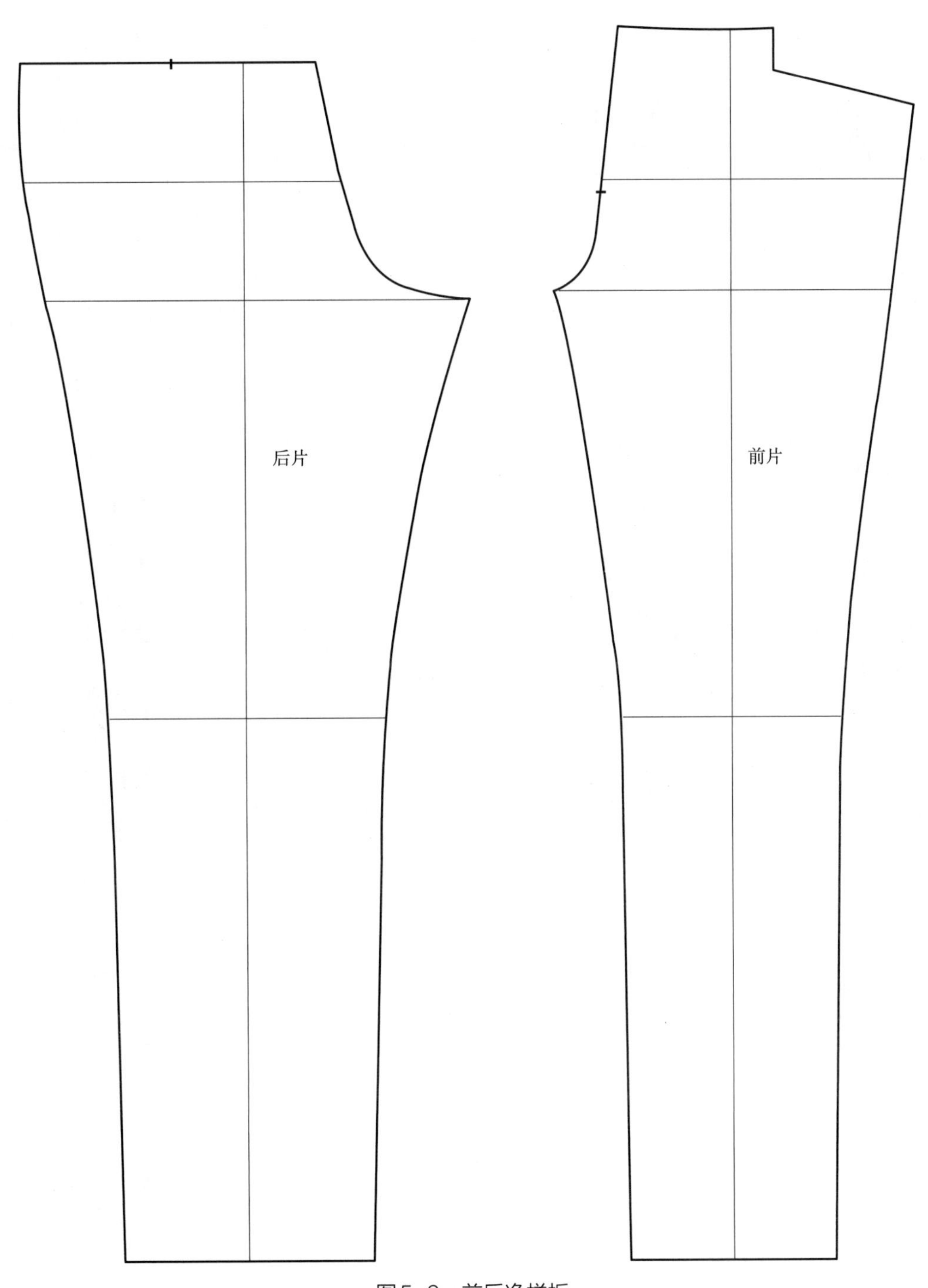

图5-9　前后净样板

（5）将附件复制下来，打上剪口，如图5-10所示。

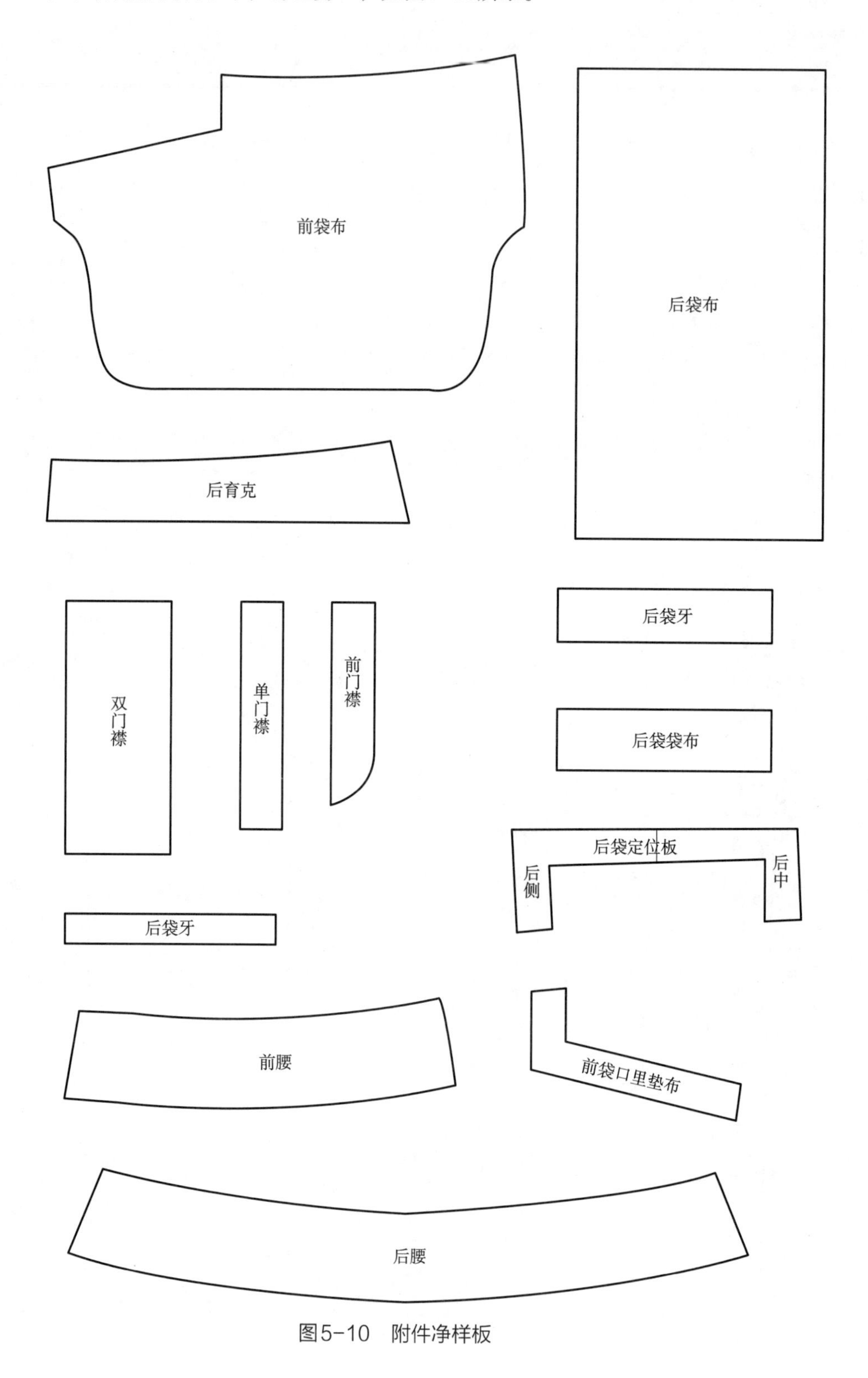

图5-10　附件净样板

（6）前后片脚口放缝3.5cm。其他部位放缝1.1cm，如图5-11所示。

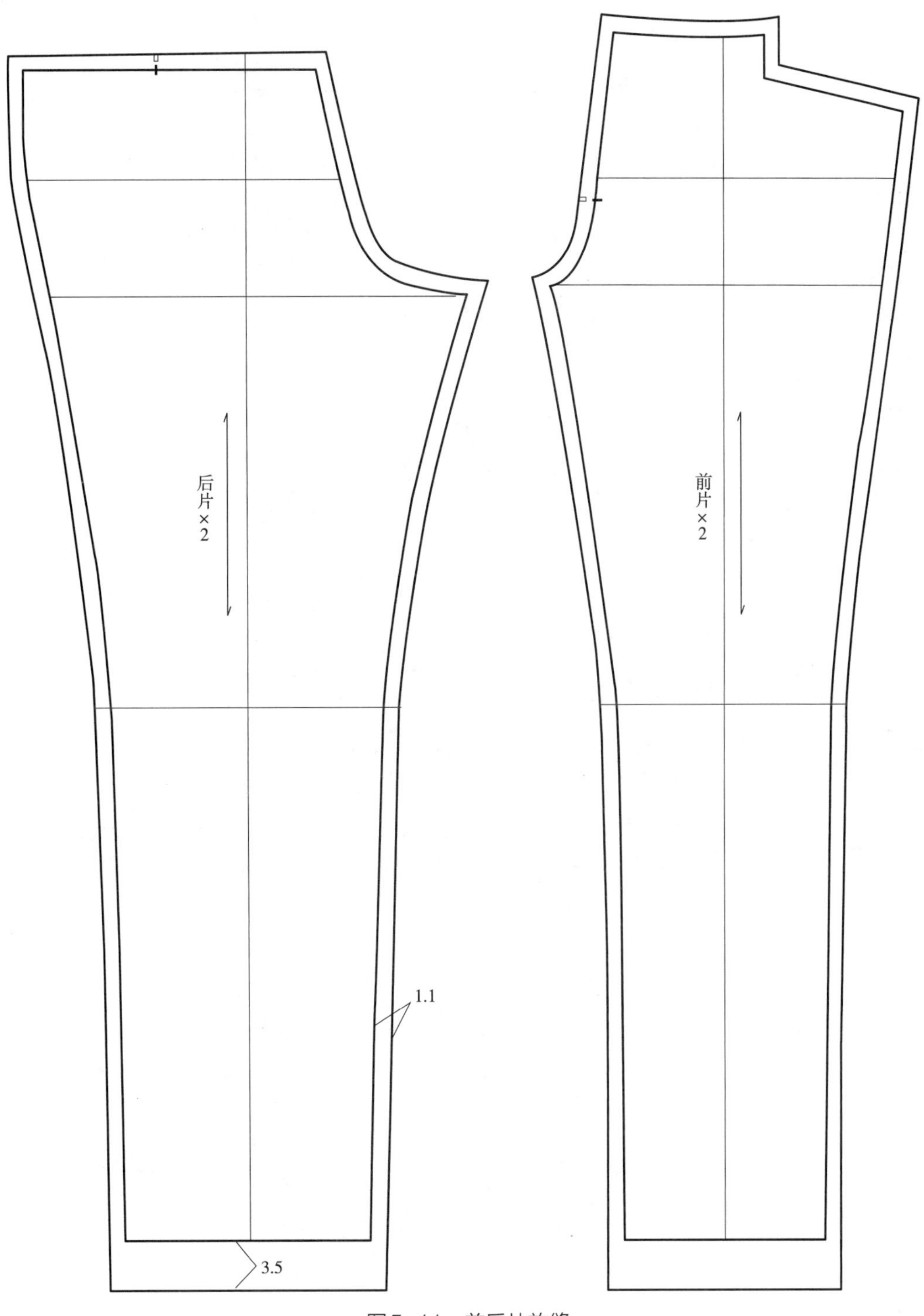

图5-11 前后片放缝

（7）将所有附件放缝，袋牙、垫袋布两侧放缝1.5～2cm。前门2.5cm净板腰口放缝1.1cm。其他净板放缝0.01cm。其他毛板放缝1.1cm，如图5-12所示。

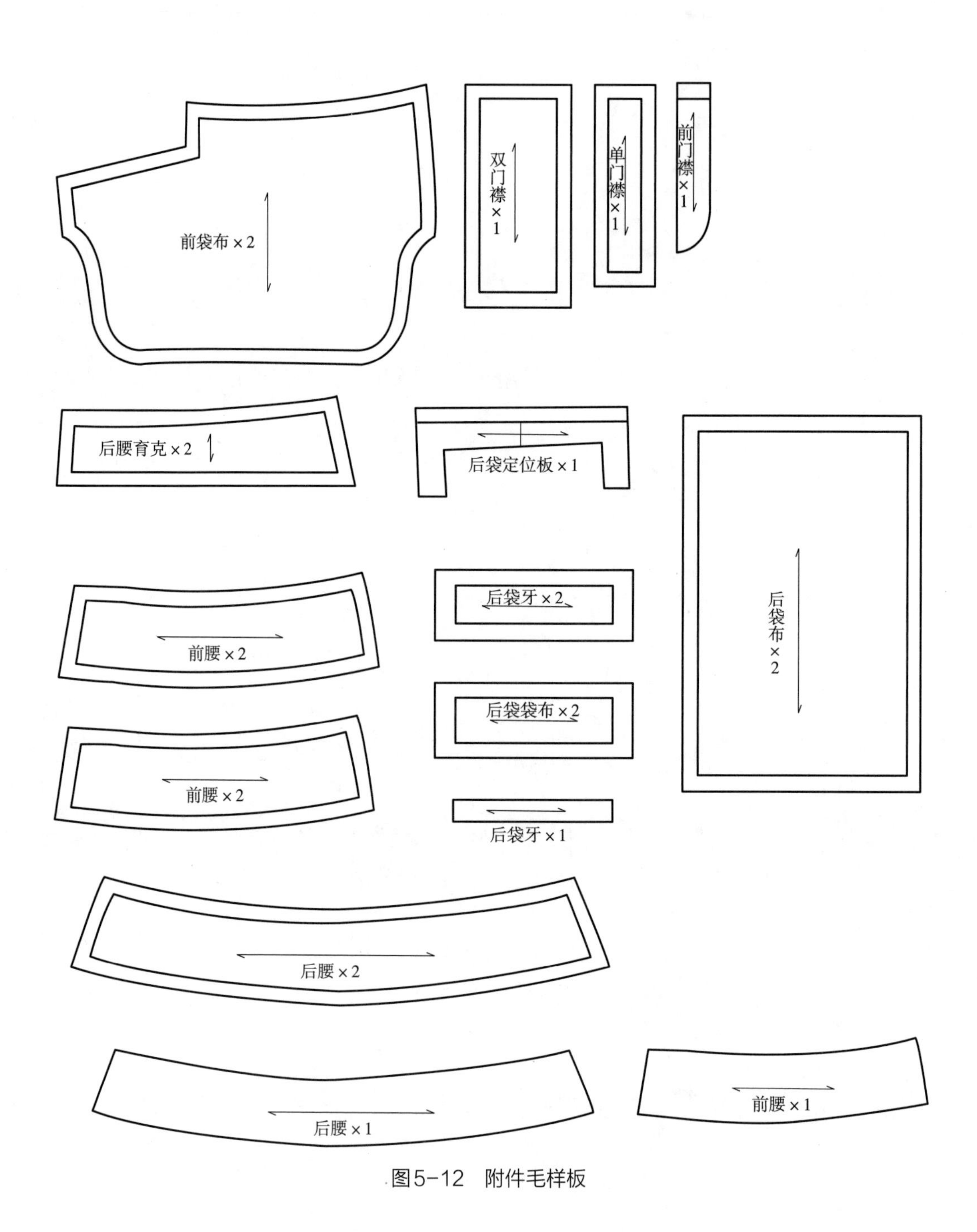

图5-12　附件毛样板

第二节　圆弧腰喇叭裤生产样板制图

一、款式一

臀围88cm，腰宽4.5cm，立裆20.5cm。

圆弧腰口喇叭裤生产样板设立裆为：19.5cm，直接找到H为88cm的基础板和腰头宽为4.5cm。

调出臀围为88cm裤板和立裆为20.5cm的4.5cm宽腰头样板。

（1）先将基础板20.5cm的立裆减掉1cm，改成立裆19.5cm，如图5-13所示。

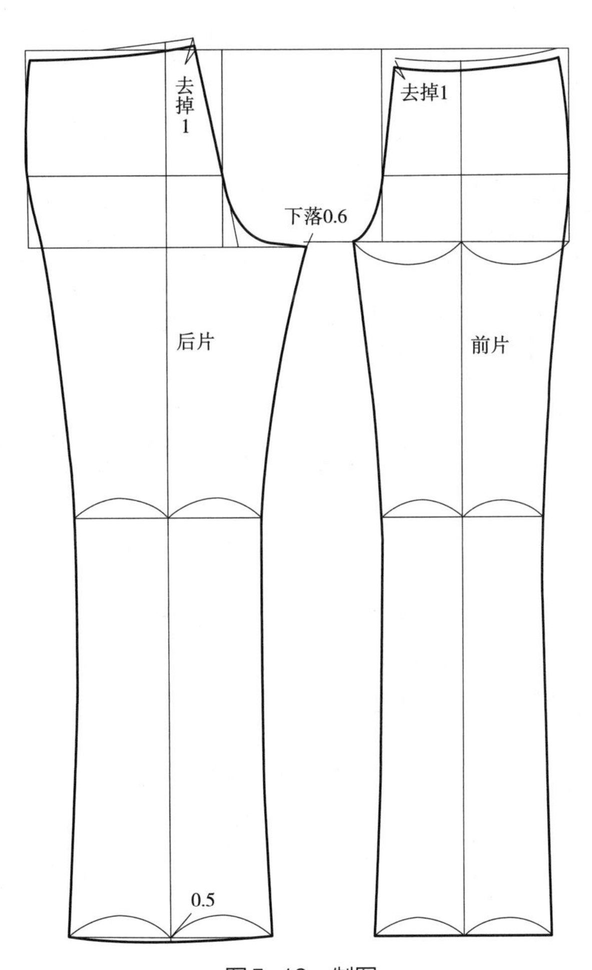

图5-13　制图

（2）将前后袋、袋布、垫布、前门、后育克、后袋定位板制作好，如图5-14所示。

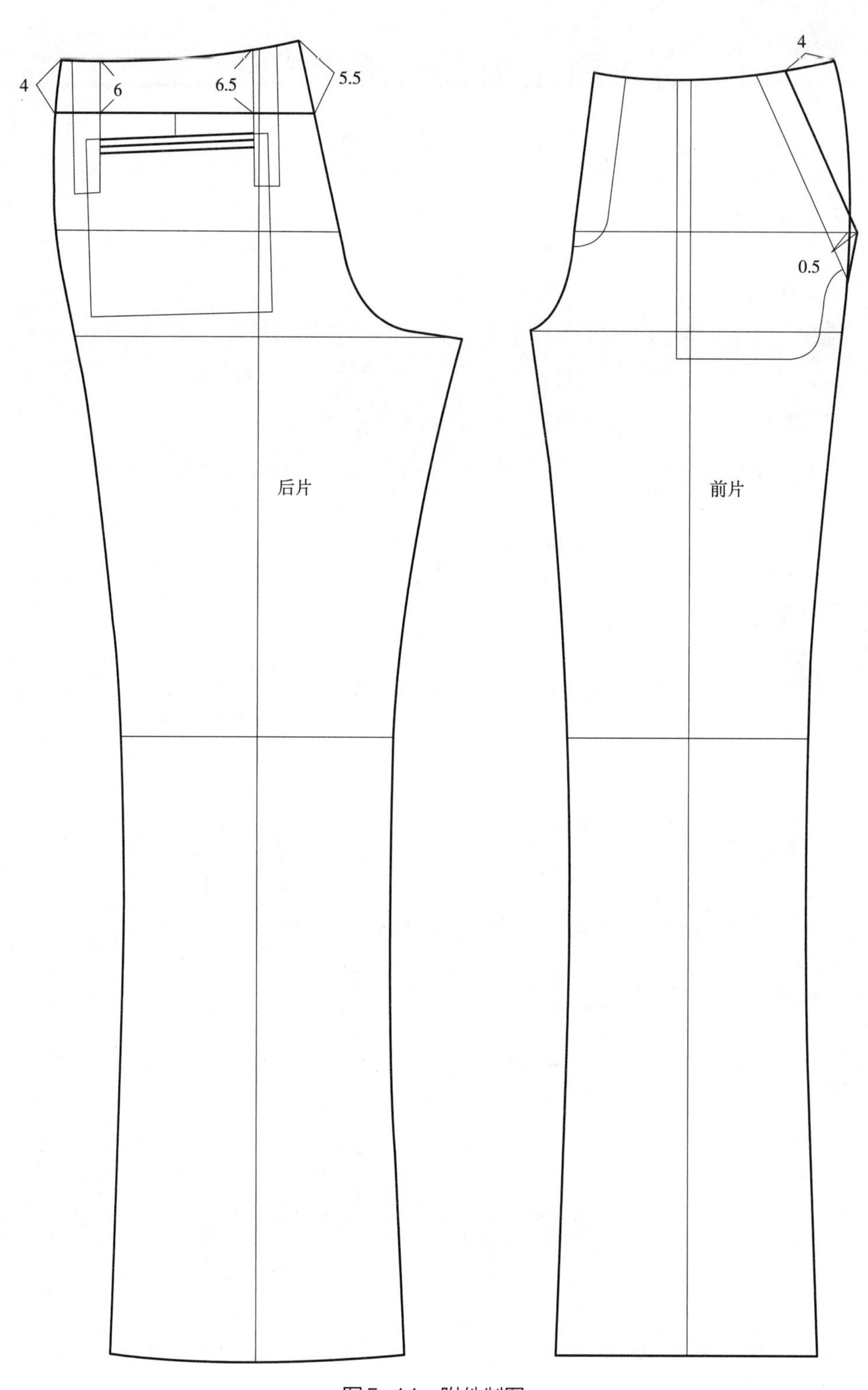

图5-14　附件制图

（3）后袋定位，前门定位打剪口，如图5-15所示。

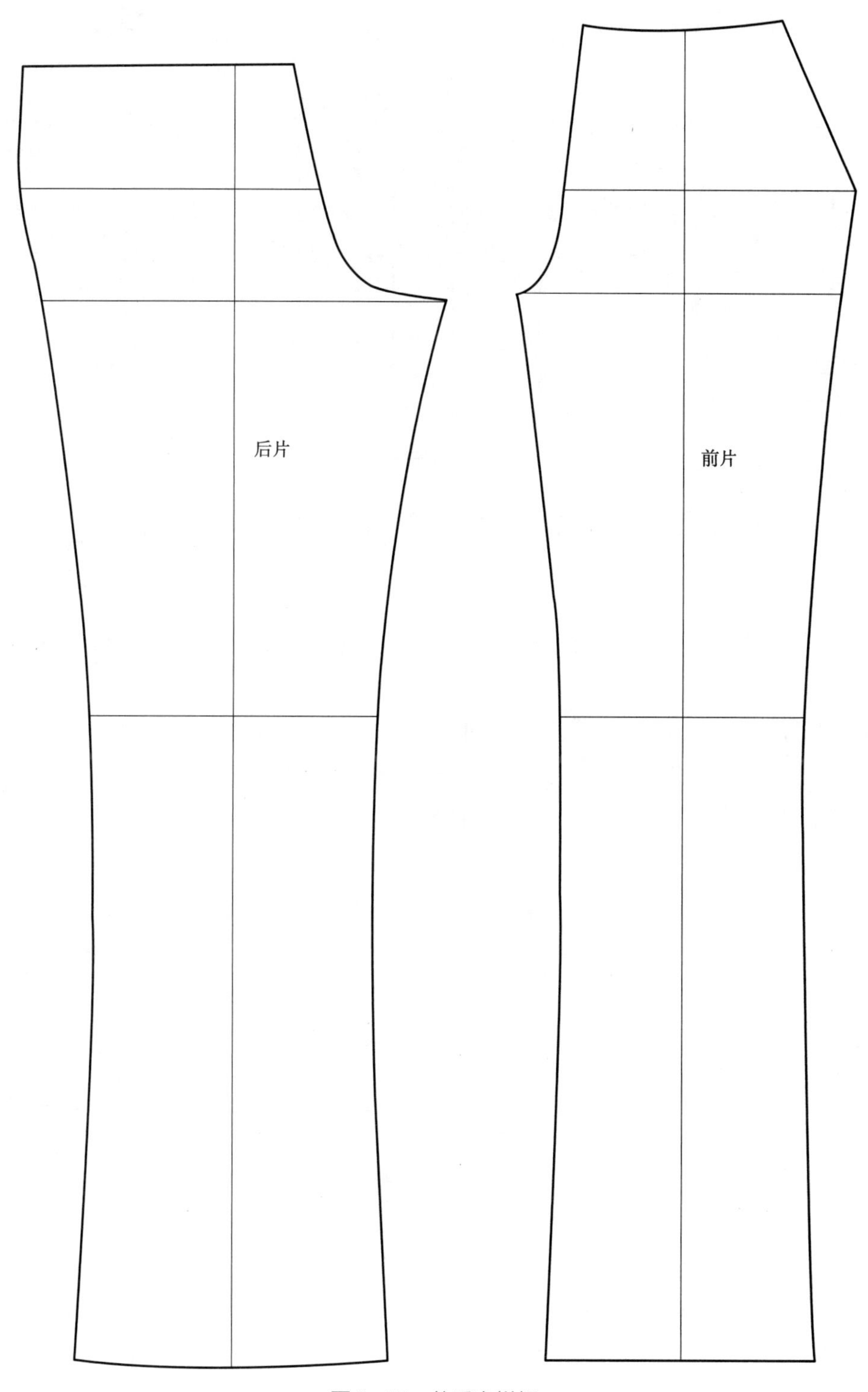

图5-15　前后净样板

（4）将附件复制下来，打上剪口，如图5-16所示。

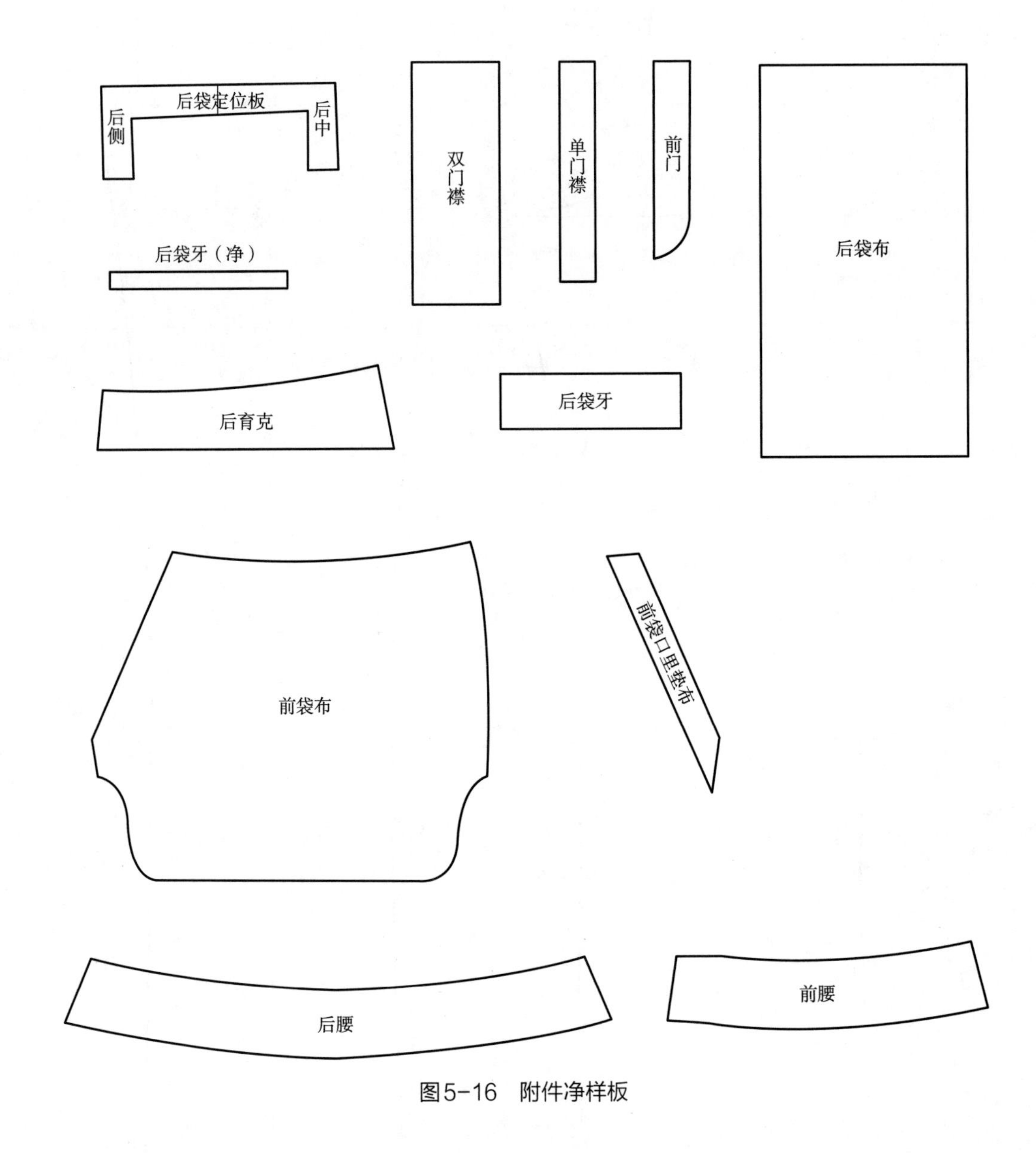

图5-16　附件净样板

（5）前、后片脚口放缝3.5cm，其他部位放缝1.1cm，如图5-17所示。

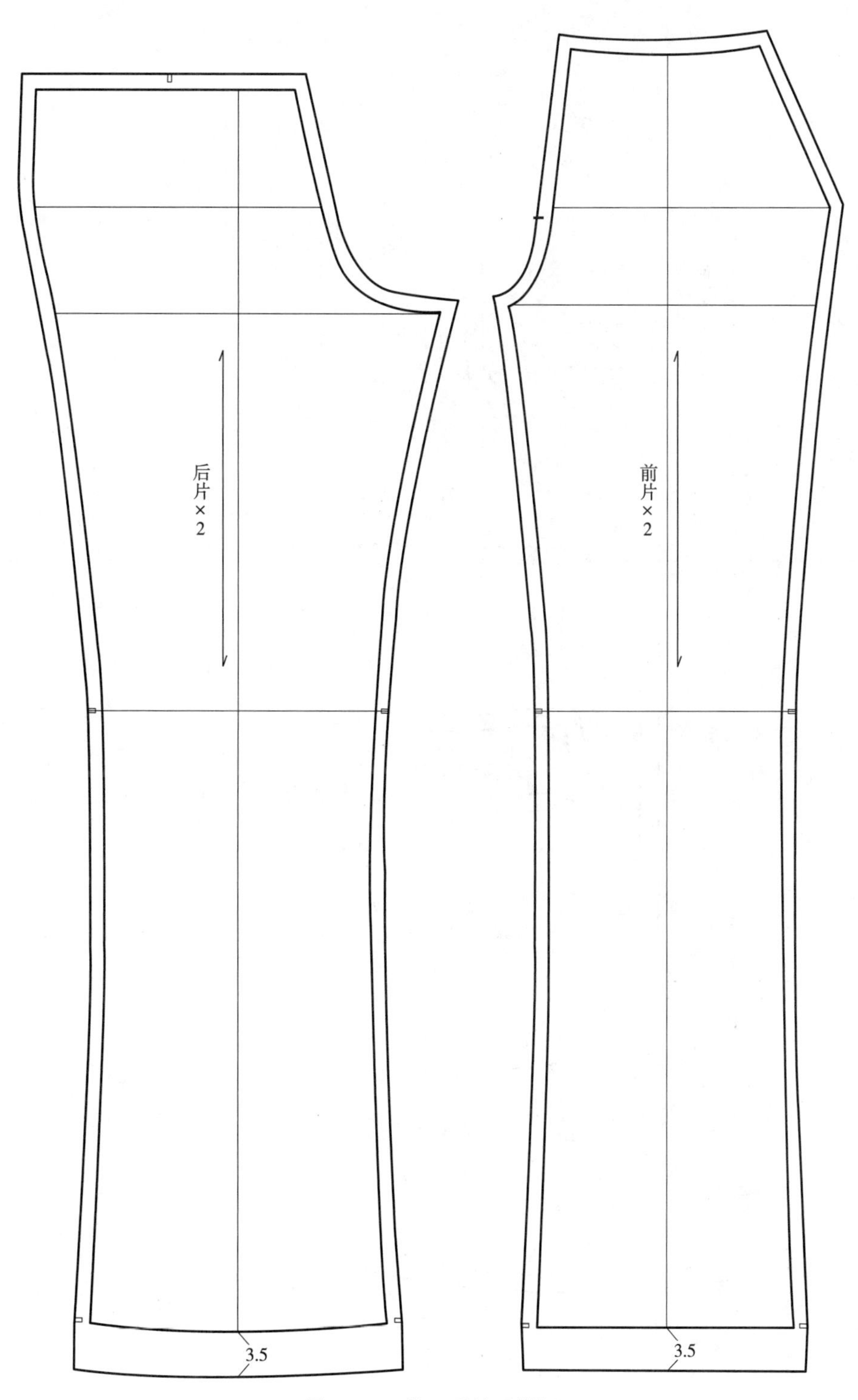

图5-17　前、后片毛样板

（6）将所有附件放缝，袋牙、垫袋布两侧放缝1.5～2cm。前门净板腰围线放缝1.1cm。袋牙、垫袋布两侧放缝1.5～2cm。其他毛板放缝1.1cm，如图5-18所示。

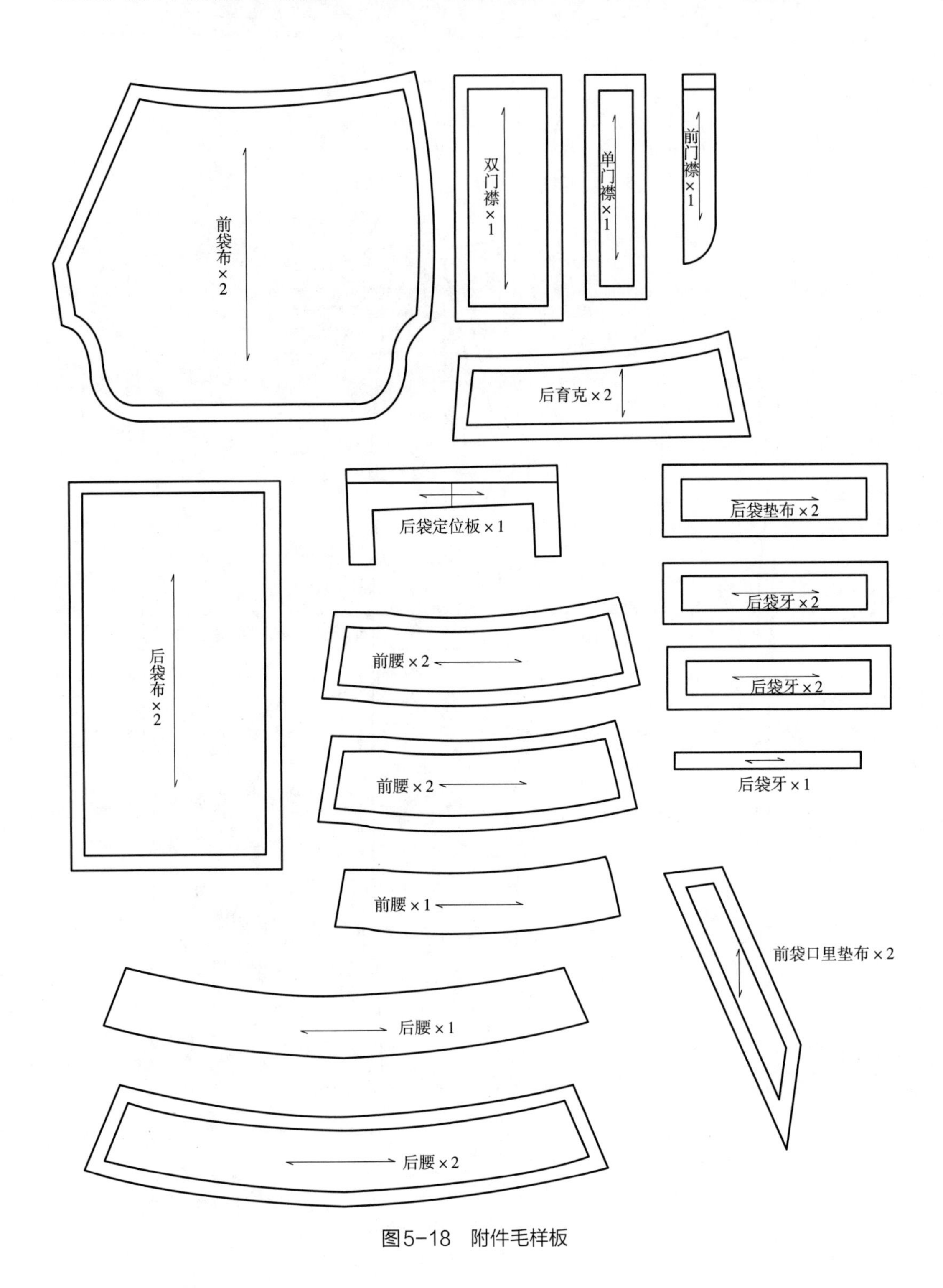

图5-18 附件毛样板

二、款式二

母板臀围88cm，腰宽3.5cm，立裆21.5cm。

前几张图为了让大家看得清楚，在前后袋、后翘上画了明线，在实际制板中是不用的，所以以后我们就不在画明线了，以后我们以臀围为88cm的母板为中心举例说明，因为它是女裤的中弹号型。

调出H为88cm的裤板和立裆为20.5cm的4.5cm宽腰头样板。

（1）先将基础板20.5cm的立裆向上补1cm，改成立裆21.5cm，如图5-19所示。

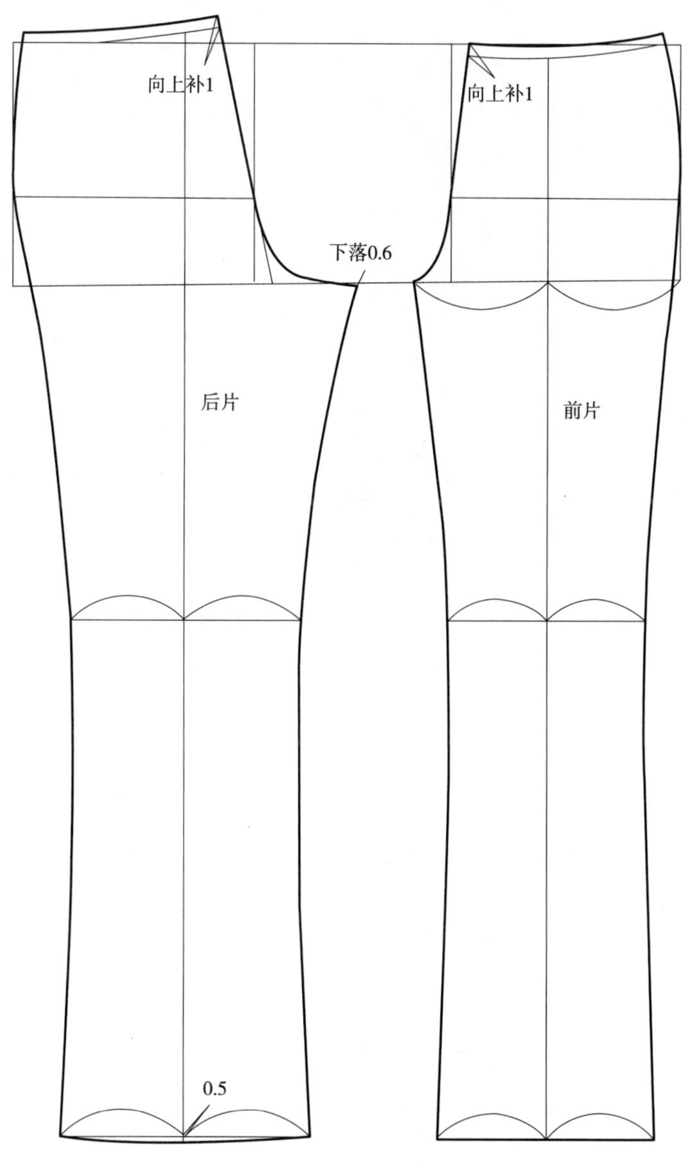

图5-19　制图

（2）将前后袋、袋布、垫布、前门、后育克、后袋定位板制作好，如图5–20所示。

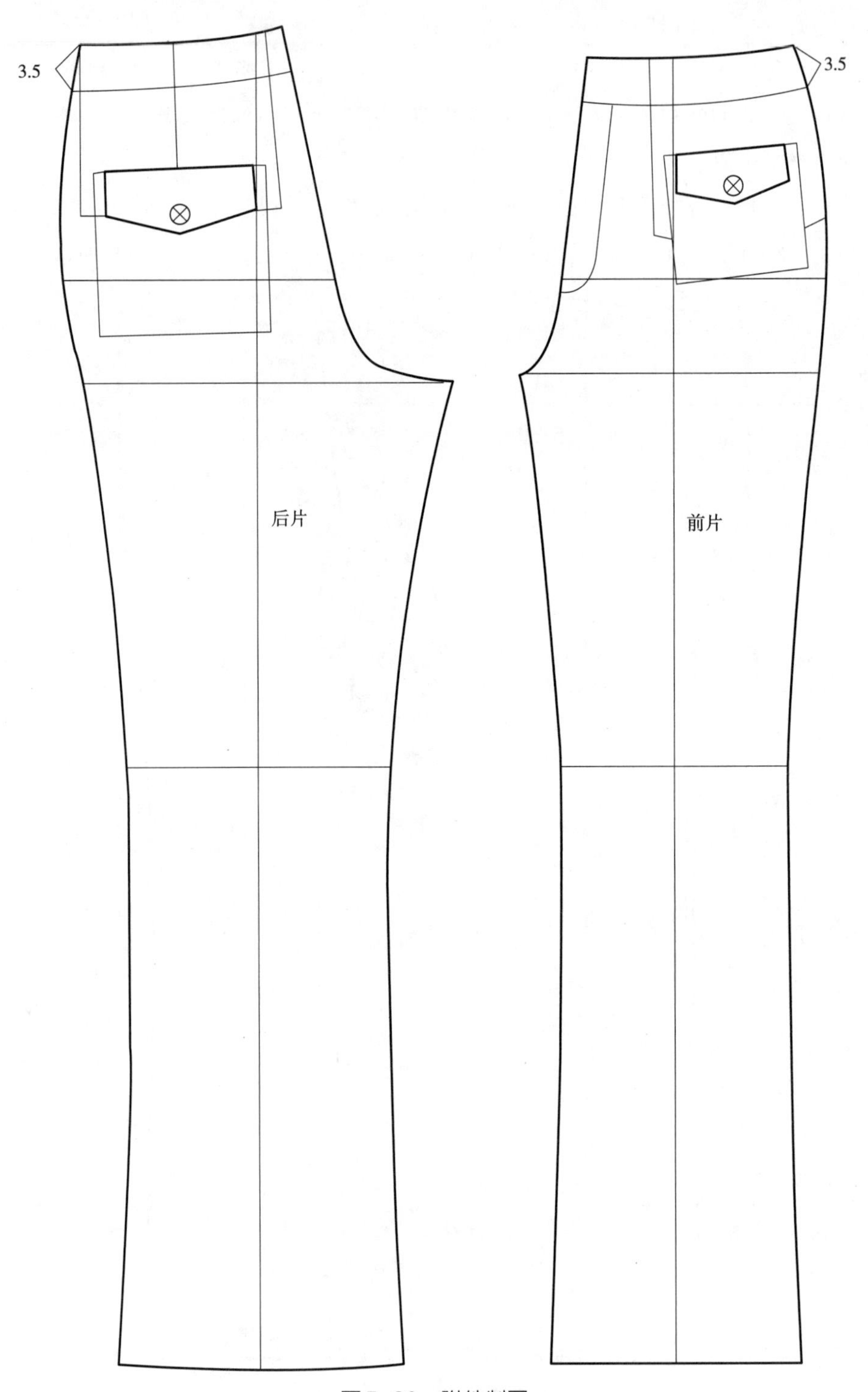

图5–20　附件制图

（3）后袋定位，前门定位打剪口，如图5-21所示。

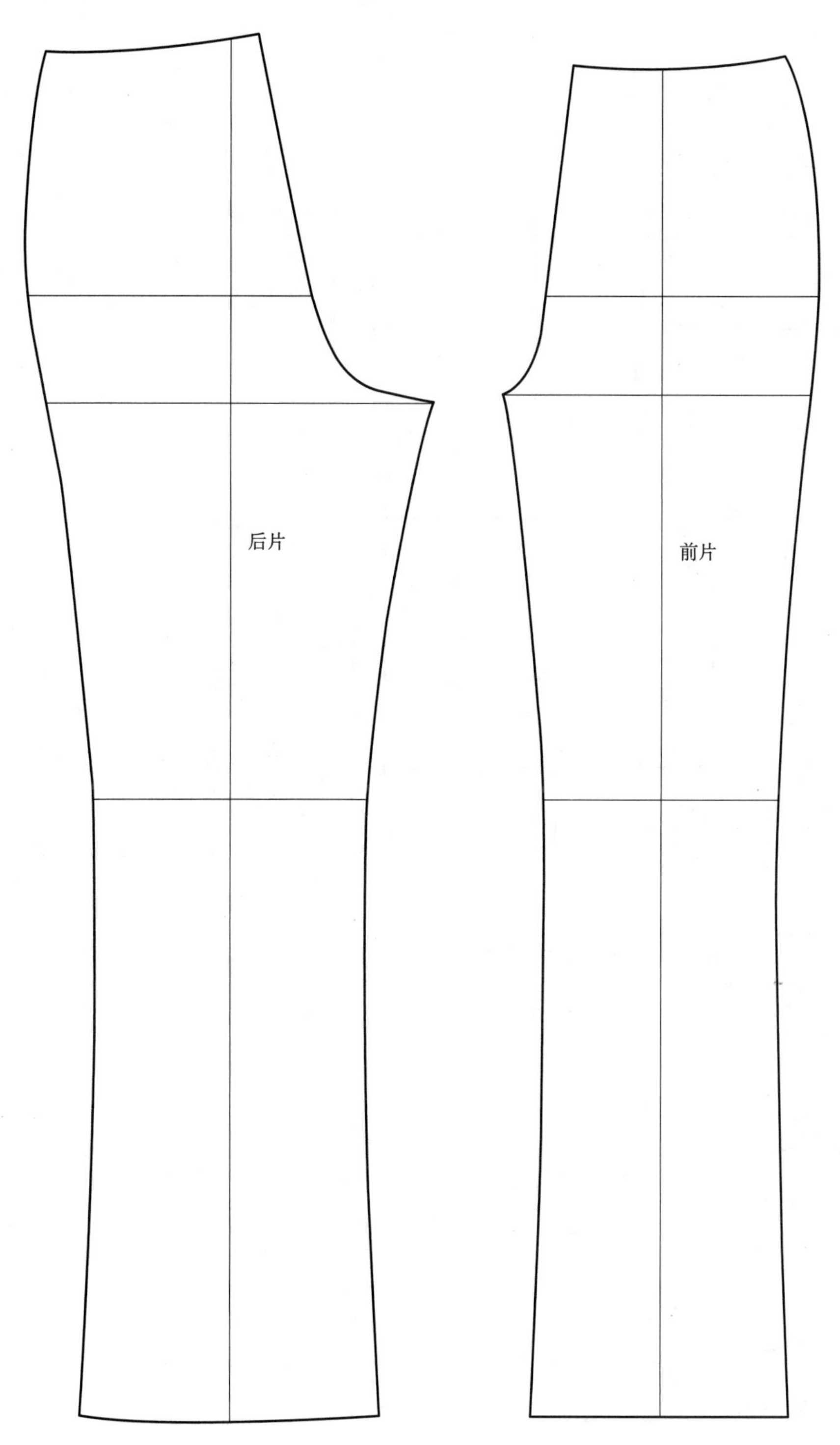

图5-21　前后片净样板

（4）将附件复制下来，打上剪口。腰头样板展开后，将腰围线修圆顺，可以做三节腰腰头样板，如果做一条整腰头样板，那就将前后腰里的侧缝拼接，修圆顺就可以了，如图5-22所示。

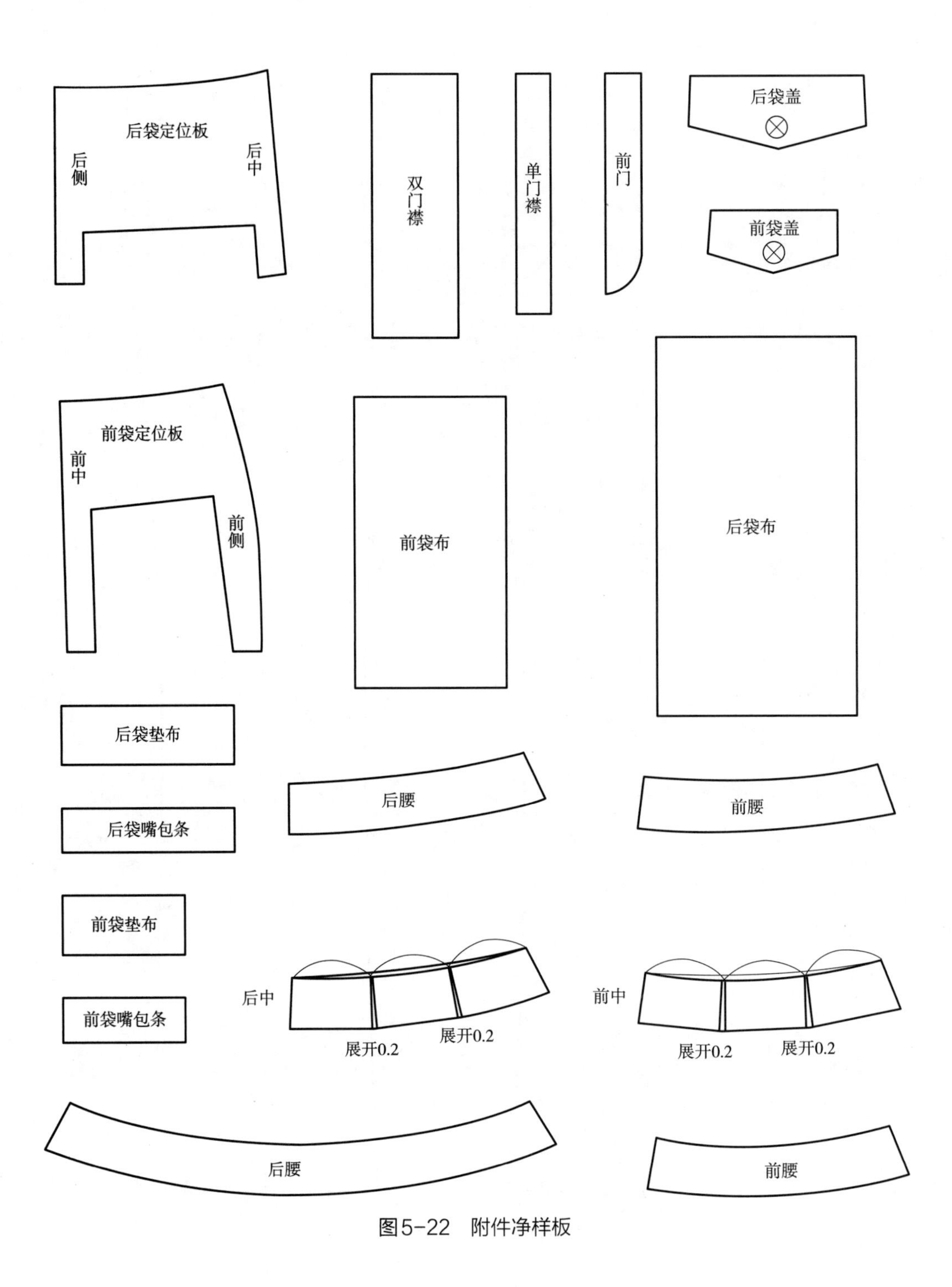

图5-22 附件净样板

（5）前后片脚口放缝3.5cm。其他放缝1.1cm，如图5-23所示。

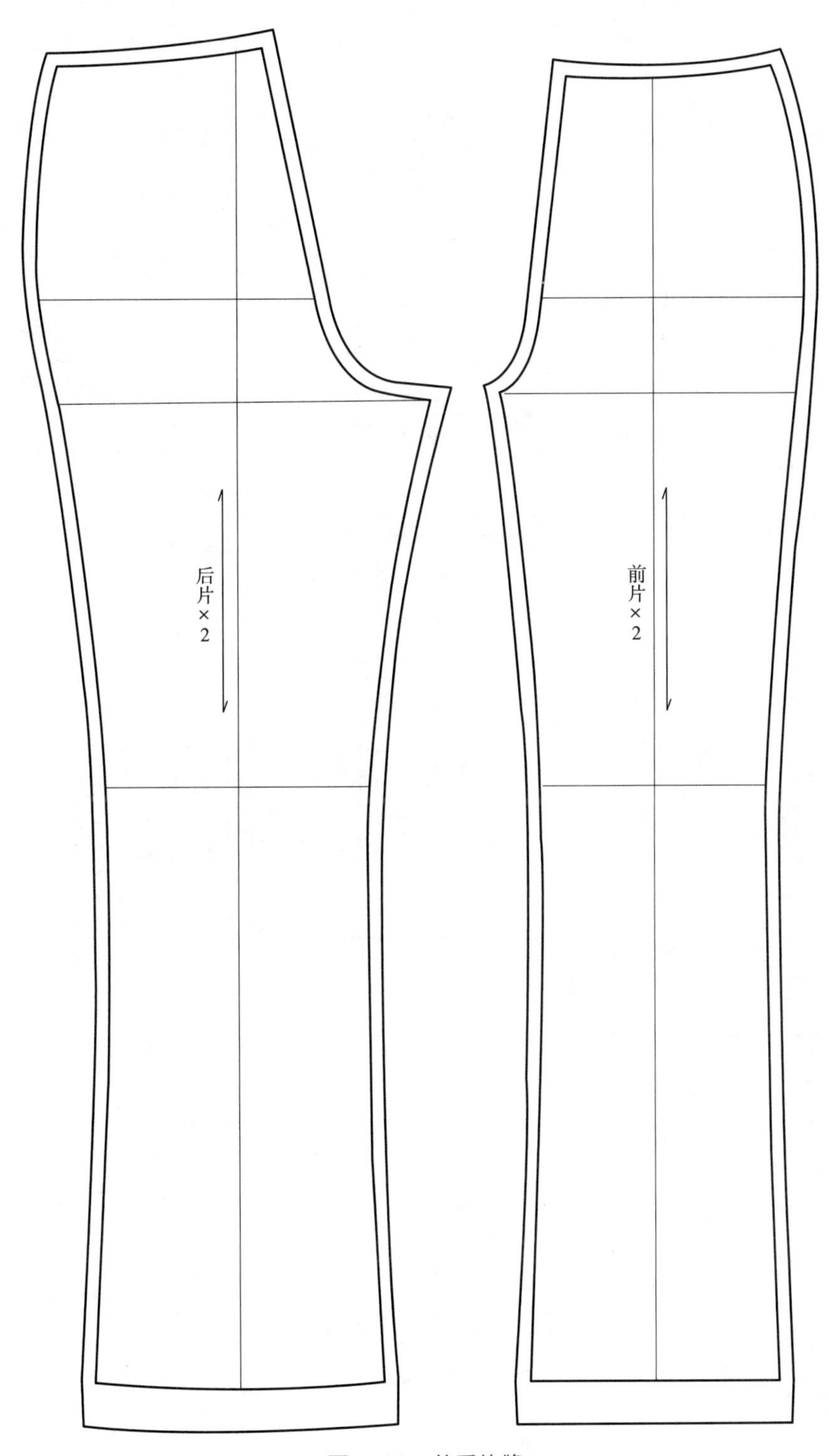

图5-23 前后放缝

（6）后腰定位板上面缝一个缝份，前袋定位板上面和侧面各放一个缝份。腰头放2cm缝份。其他均为1.1cm。袋牙、垫袋布两侧放缝1.5～2cm，如图5-24所示。

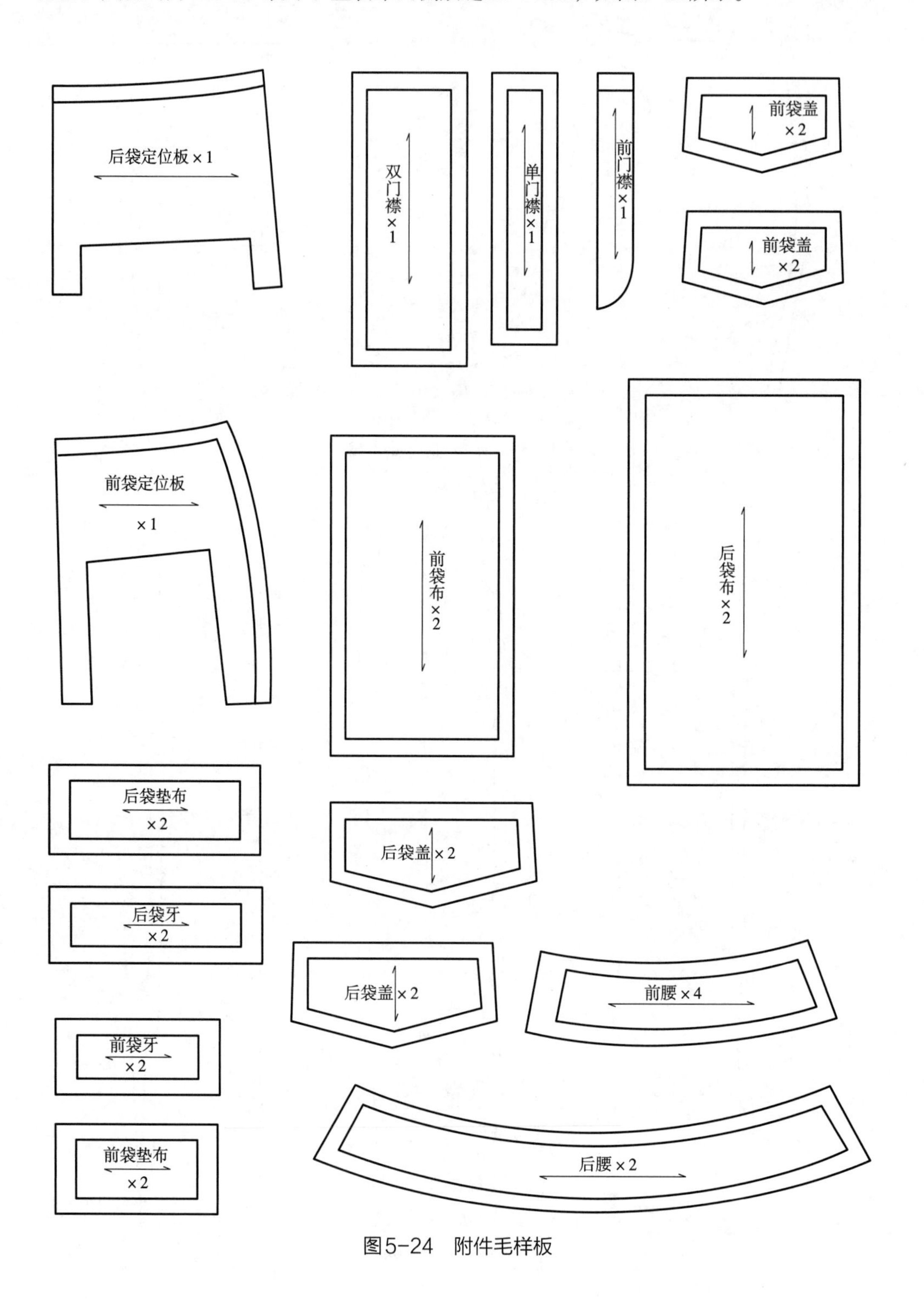

图5-24　附件毛样板

第三节　女圆弧腰哈伦裤生产样板制图

哈伦裤从功能上讲大体分为两类，一类是宽松款（主要用于舞蹈演出），一类是日常生活所用。

一、款式一

（一）复制母板

将H为86基础板复制过来，本款哈伦裤后片、腰头样板没有变化，主要变化在前片上。

（1）重新设置前门线，腰口点移至前门线左1cm处，经过臀围点连接横裆线。重新画小裆，此时小裆已向里收进来。

（2）侧缝腰口点移至臀围垂线右0.8cm处，连接臀围点。

（3）设定袋口宽5.5cm，将袋口至中线分三等分，在两个三分点处向下做两条垂直线至中裆，如图5-25所示。

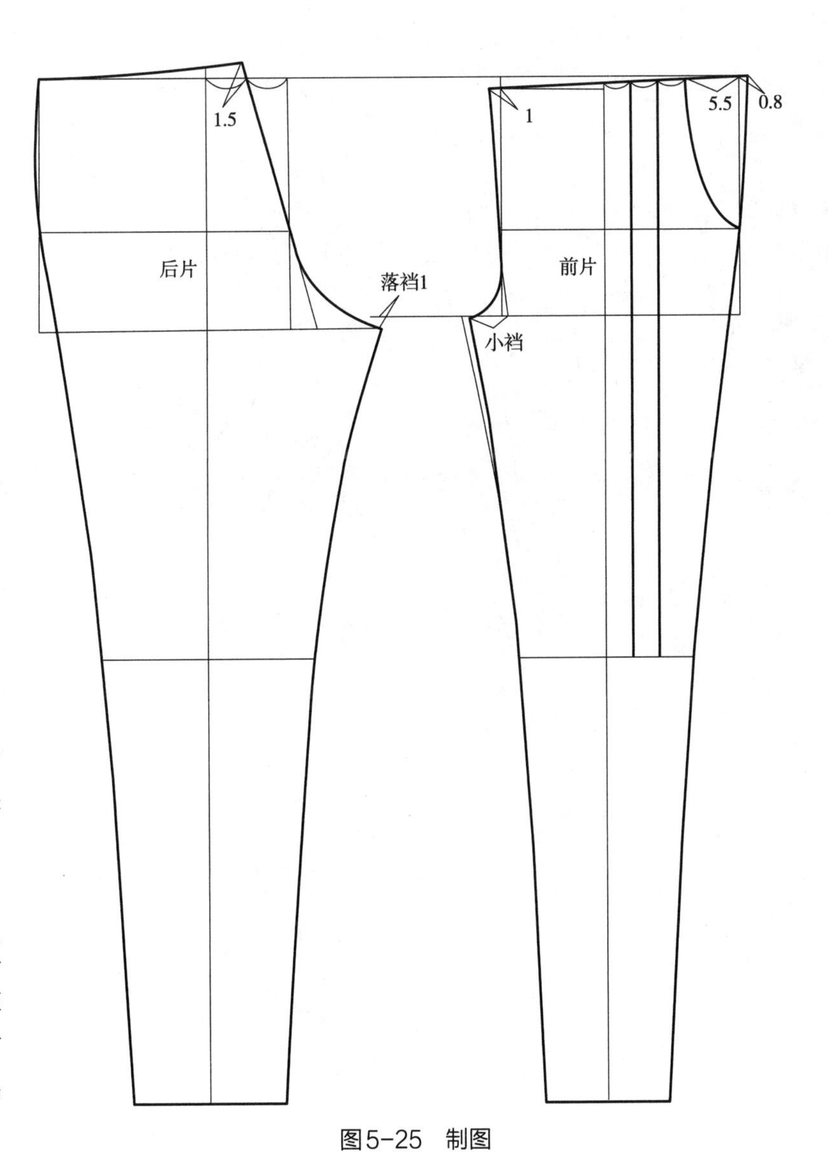

图5-25　制图

（二）做展开

（1）手工制板把三条线剪开，做腰口展开。

（2）计算机CAD用指定分割工具做展开（每份展开多少，根据设计要求而定），如图5-26所示。

（3）因为展开后，中裆重合了1.3cm，侧缝变短，所以侧缝腰口向上补1cm长度。侧缝向里1.5cm重新画弧线，腰口弧线修圆顺。

（4）腰口弧线长－下腰口＝总褶量，总褶量/3=褶量，前0.6中线点至袋口点长度－总褶量=褶总间距，总间距/3=褶间距，如图5-27所示。

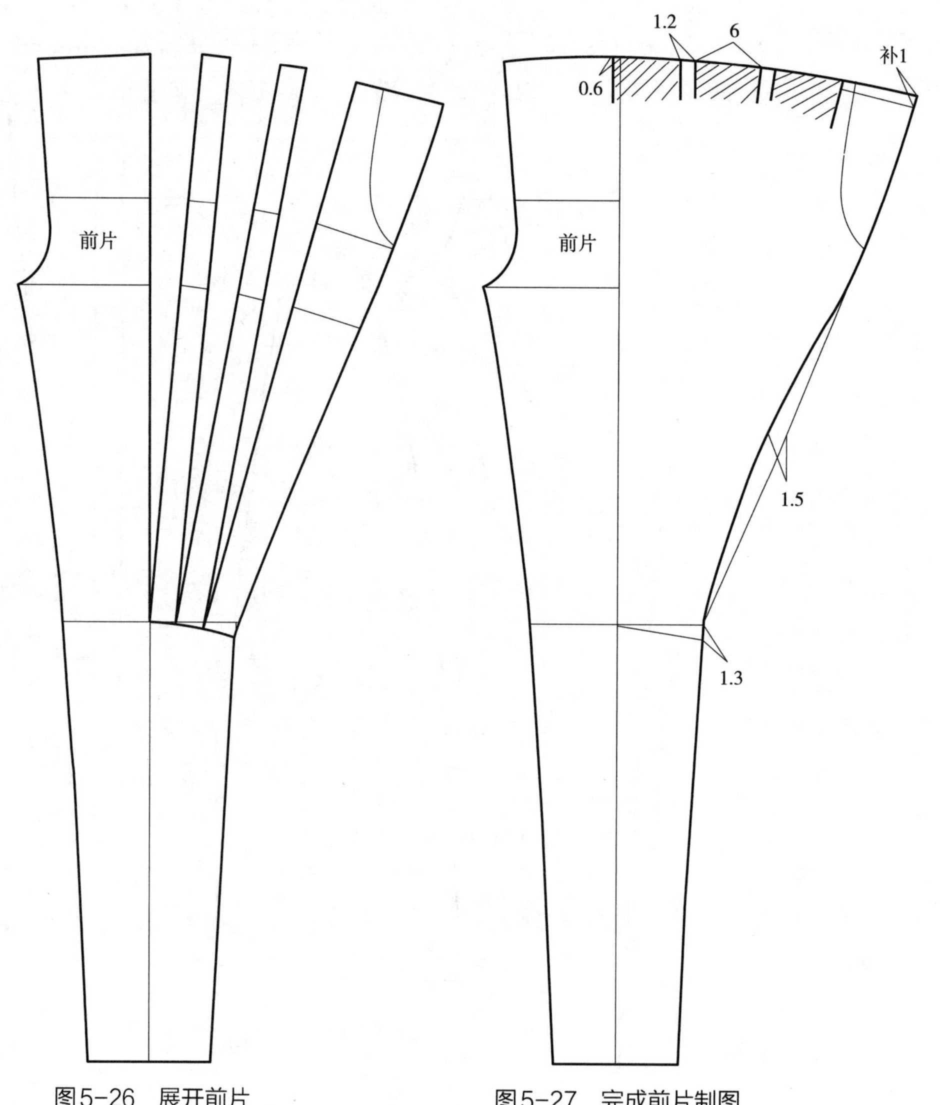

图5-26 展开前片

图5-27 完成前片制图

二、款式二

（一）复制母板

将图5–25前后片基础板复制过来，本款哈伦裤后片、腰头样板没有变化，主要变化在前片上。

前片中线向右3cm做一条垂直线至横裆，并将前袋做好，如图5–28所示。

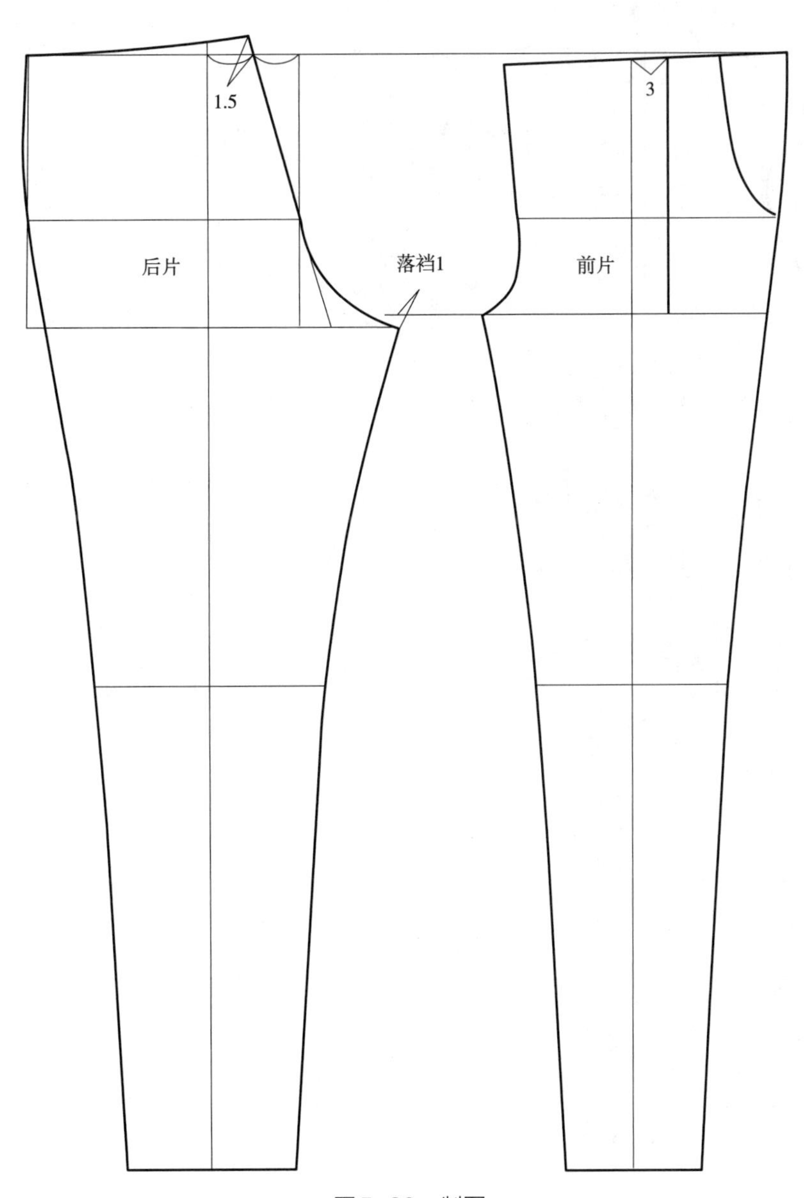

图5–28　制图

（二）做展开

（1）手工制板将3cm直线和横裆线剪开，腰口按款式需要褶量做展开，如图5-29所示。

（2）计算机CAD上有多边分割展开工具做展开。然后将腰口弧线画圆顺。

（3）褶量、褶间距的分配方法与款二相同，如图5-30所示。

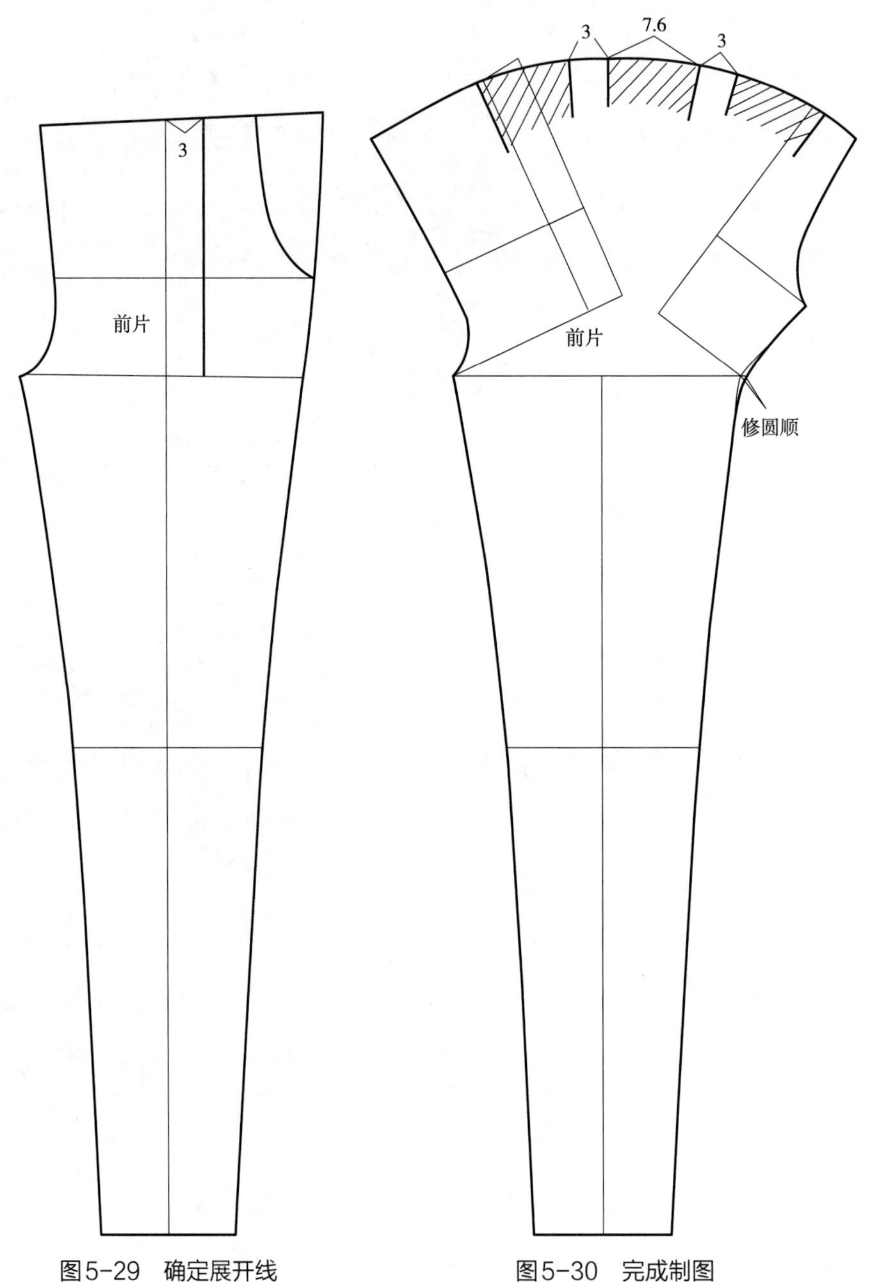

图5-29　确定展开线　　图5-30　完成制图

三、款式三

像本款这样比较复杂的款式，一般来讲不太适合工业生产，加工程序繁琐，成本高，没有可复制性，因为成批生产的裤子，每一件褶量的下垂都不太一样。我们尽量为了给大家多提供一些款式，让大家对板型有更多的了解。本款为立裁样板，立裁制作是没有数据的，我们根据立裁样板测试，所得数据绘制图纸，供大家参考。

（一）复制母板

图5-25前后板复制过来，本款哈伦腰头样板没有变化，主要变化在前后片上。

（1）将前后片根据款式需要画好分割线，如图5-31所示。

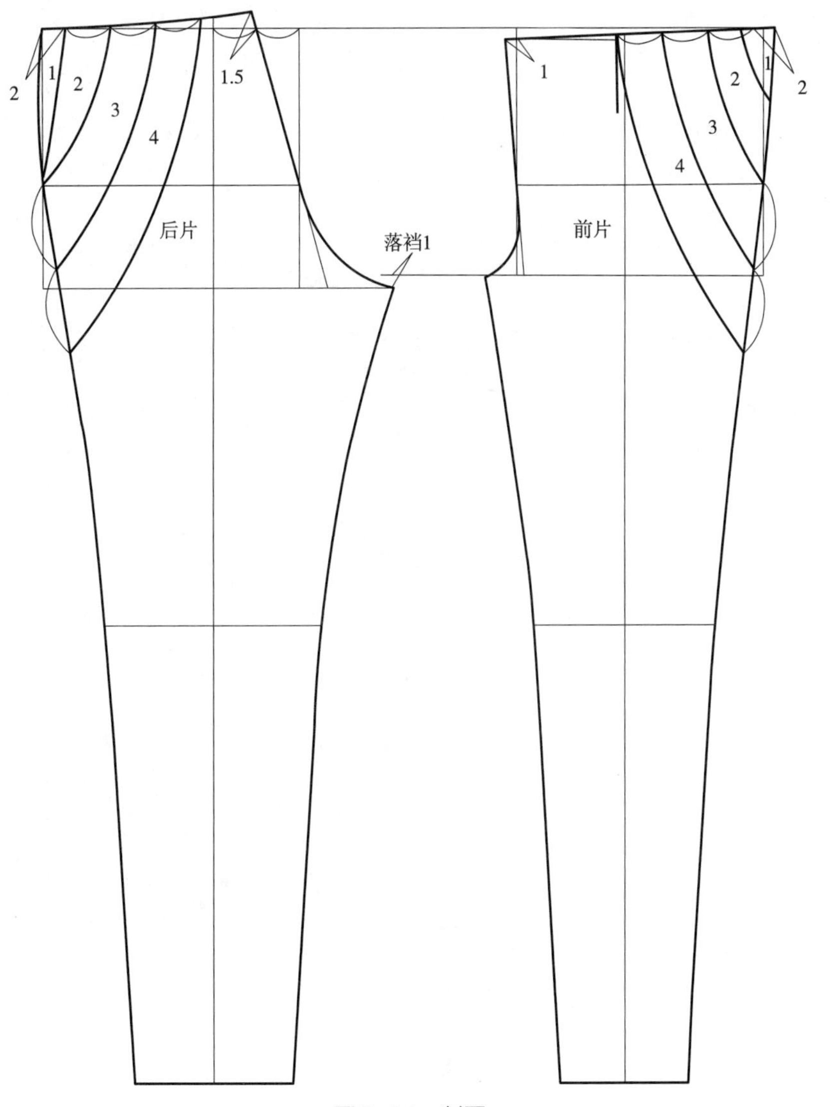

图5-31　制图

（二）展开

（1）这样的款式只能用手工展开，电脑CAD对这样的复杂款式制作还没有手工方便，如图5-32（a）所示。

（2）然后直接放缝，打剪口就可以了，如图5-32（b）所示。

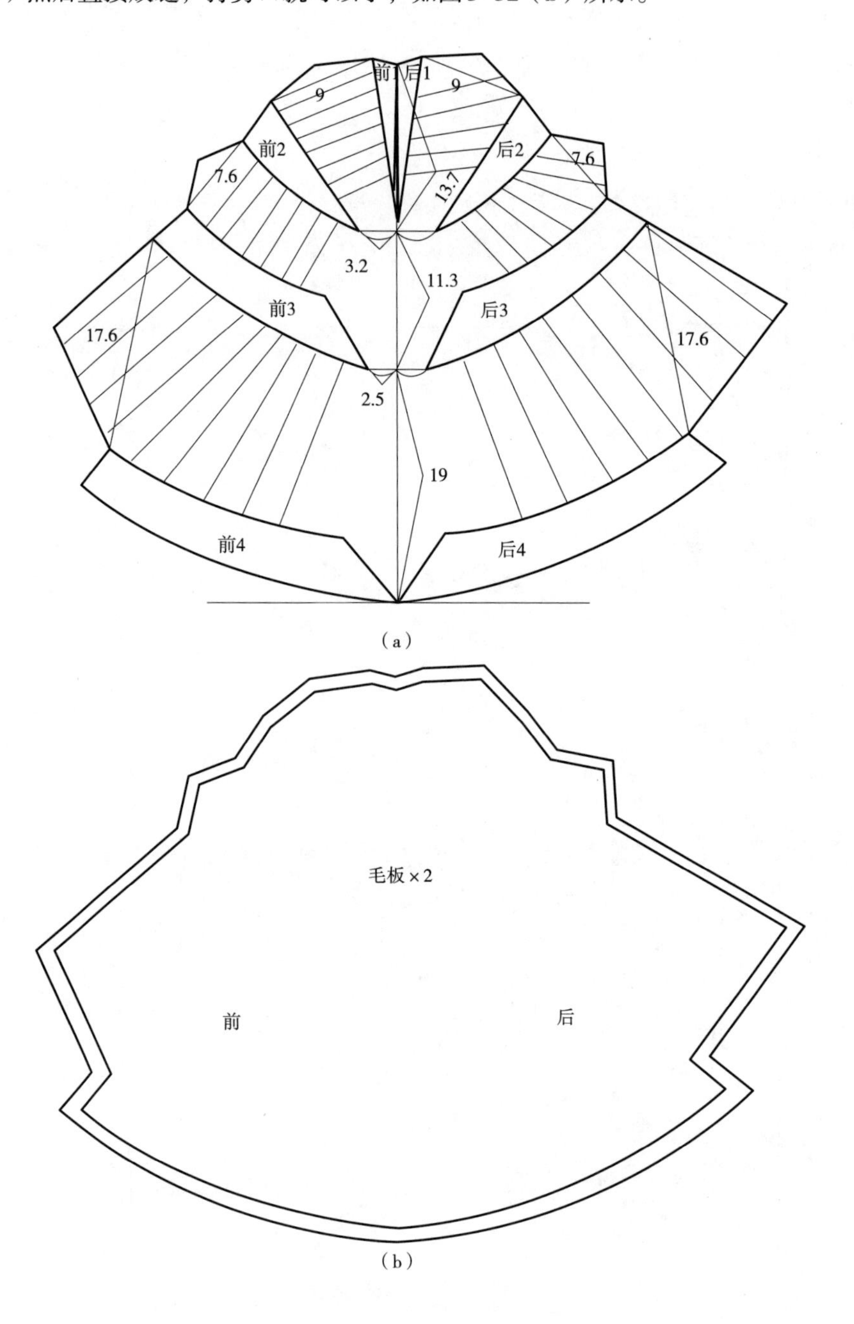

图5-32 展开

第六章

女裤推板

在服装企业中推板的名称在不同的地区有着不同的叫法，比如，推号、推板、推档、放码、扩号、放板等，在学习过程中为了便于沟通，本书使用推板。推板就是在母板的基础上扩大或缩小的过程，按照每一个号型的档差数据，以十字坐标交叉点为中心点，向四周平移均匀缩放。

推板规则：确定母板，按号推放，毛板作图，以点为主，十字坐标，平行移位，先画长短，后画宽窄，母板靠圆，分段画线，先推大号，后推小号，先连直线，后靠圆弧，孔位平移，分均档差。

第一节　A体各号型系列推板档差数值

一、A体推板规格表

根据我国服装标准GB 1335女子服装号型5·4系列、5·3系列、5·2系列数据为推板基础依据，来制定各号型推板数值。以女子A体5·4系列号型为例，见表6-1。

表6-1　女子A体5·4系列女裤尺寸参考表　单位：cm

部位＼尺寸＼号型	150	155	160	165	170	档差
裤长	94	97	100	103	106	3
腰围	59	63	67	71	75	4
臀围	86.8	90.4	94	97.6	101.2	3.6
横裆	53.2	55.4	57.6	61.6	63.8	2.2
中裆	19	19.5	20	20.5	21	0.5
脚口	18	18.5	19	19.5	20	0.5
立裆	20.3	20.9	21.5	22.1	22.7	0.6

二、A体各比例档差数据推板规格表

（1）5·4、5·3、5·2系列为国标，A体臀腰比为1：0.9。

（2）5·3.3系列中，腰围单位为市寸（民营女裤厂使用数据，各号型长度相同），见表6-2。

表6-2　女裤A体各比例档差推板数值规格表　　单位：cm

档差＼号型 部位	5·4		5·3.3		5·3		5·2	
裤长	3		0		2.25		1.5	
立裆	0.6		0.5		0.45		0.3	
腰围	4	1	3.3	0.83	3	0.75	2	0.5
臀围	3.6	0.9	3.00	0.75	2.7	0.68	1.8	0.45
中裆	1	0.25	0.83	0.21	0.75	0.19	0.5	0.125
脚口	1	0.25	0.83	0.21	0.75	0.19	0.5	0.125

三、各种款型裤长推板参考数值（表6-3）

表6-3　各种款型裤长推板参考数值　　单位：cm

名称	超短裤	短裤	膝裤	七分裤	九分裤	长裤
裤长推档数值	0.8	1.2	2	2.4	2.7	3

第二节　A体5·2系列推板数值

女子A体5·2系列女裤，各部位推板档差数值，见表6-4。

表6-4　女裤A体5·2系列推板档差表　　单位：cm

部位	裤长	腰围	臀围	横裆	中裆	脚口	立裆
档差	1.5	2	1.8	1.1	0.5	0.5	0.3

（1）推板时，坐标线上下左右不能动，以中点为中心，按箭头方向，平行移位。无省前后裤片各部位推放点详细数值请参考下列图纸，如图6-1所示。

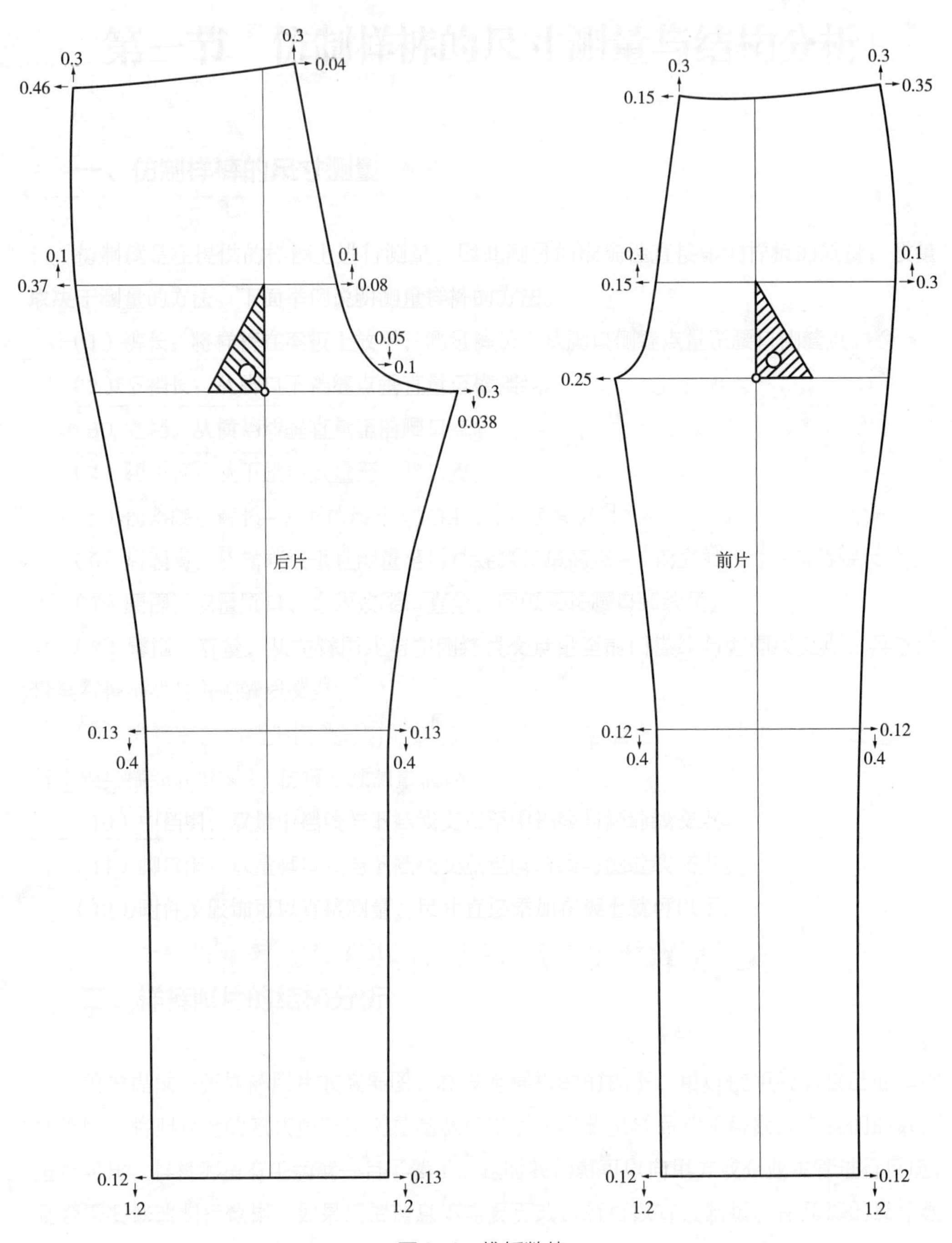
0.3
0.46
0.3
0.04
0.1
0.37
0.1
0.08
0.05
0.1
0.3
0.038
后片
0.13
0.4
0.13
0.4
0.12
1.2
0.13
1.2
0.3
0.15
0.3
0.35
0.1
0.15
0.1
0.3
0.25
前片
0.12
0.4
0.12
0.4
0.12
1.2
0.12
1.2

图6-1 推板数值

（2）单省、双省前后裤片、门襟及直腰头样板各部位推放点详细数值请参考下列图纸，如图6-2所示。

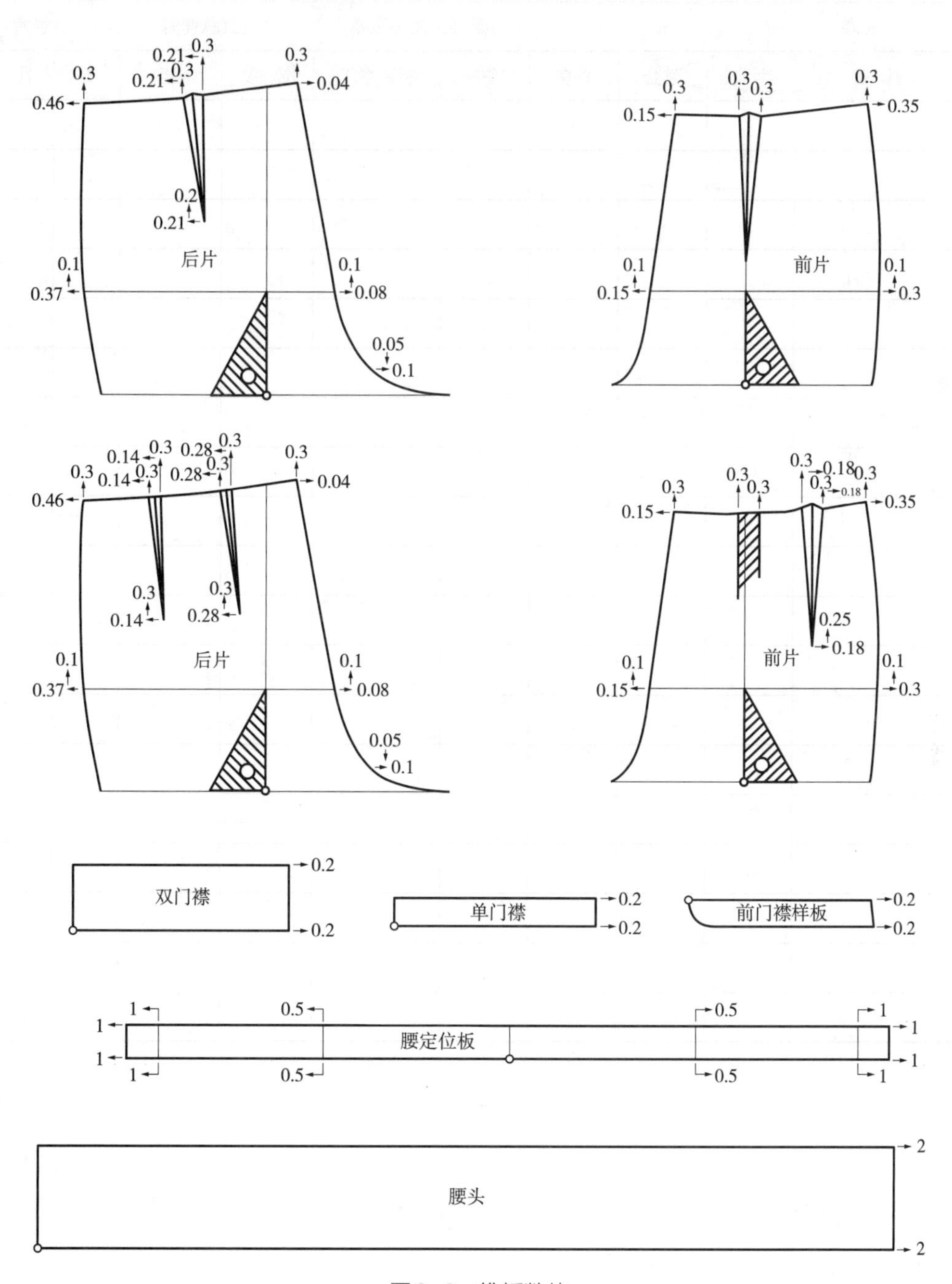

图6-2 推板数值

（3）前开明贴袋、袋盖、袋、袋布及圆弧腰各部位推放点详细数值请参考下列图纸，如图6-3所示。

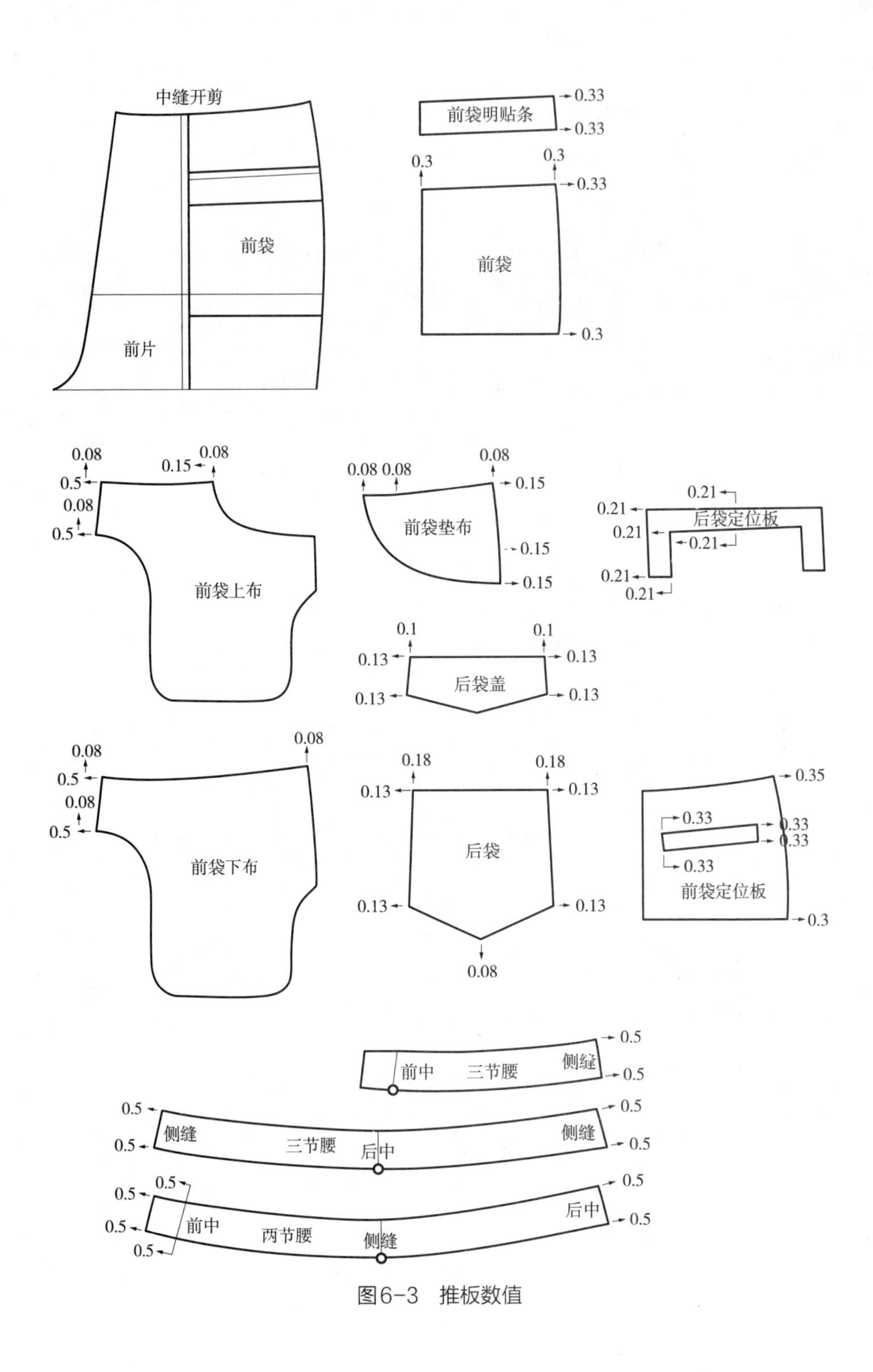

图6-3　推板数值

第三节　A体5·3系列推板数值

A体5·3系列女裤，各部位推板档差数值表，是为推板工作提供了精确、稳定，可靠的档差数值依据，见表6–5。

表6–5　女裤A体5·3系列推板档差表　　单位：cm

部位	裤长	腰围	臀围	横裆	中裆	脚口	立裆
档差	2.25	3	2.7	1.65	0.75	0.75	0.45

（1）推板时，坐标线上下左右不能动，以中点为中心，按箭头方向，平行移位。无省前后裤片各部位推放点详细数值请参考下列图纸，如图6–4所示。

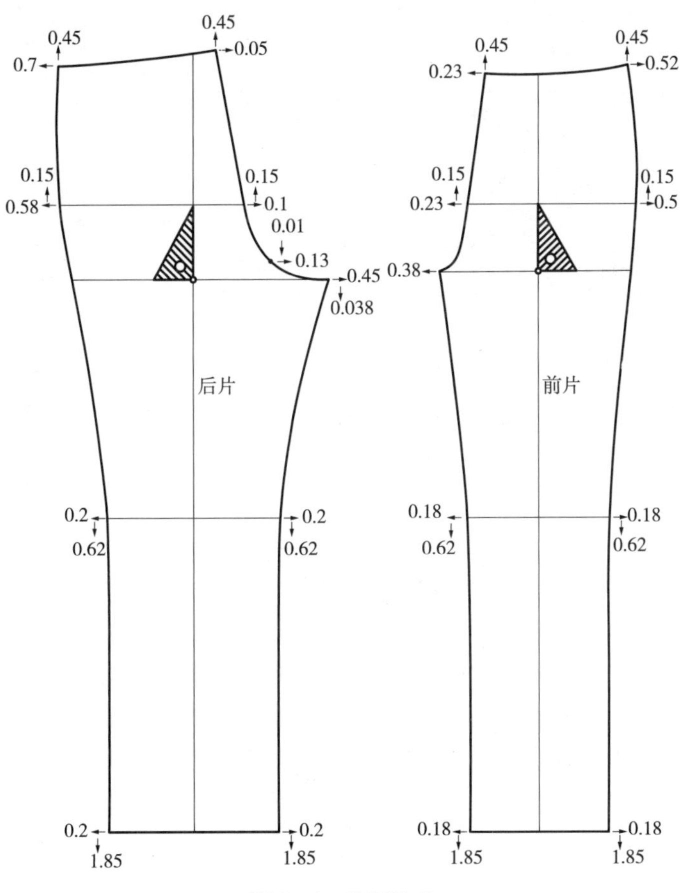

图6–4　推板数值

（2）单省、双省前后裤片、门襟及直腰头样板各部位推放点详细数值请参考下列图纸，如图6-5所示。

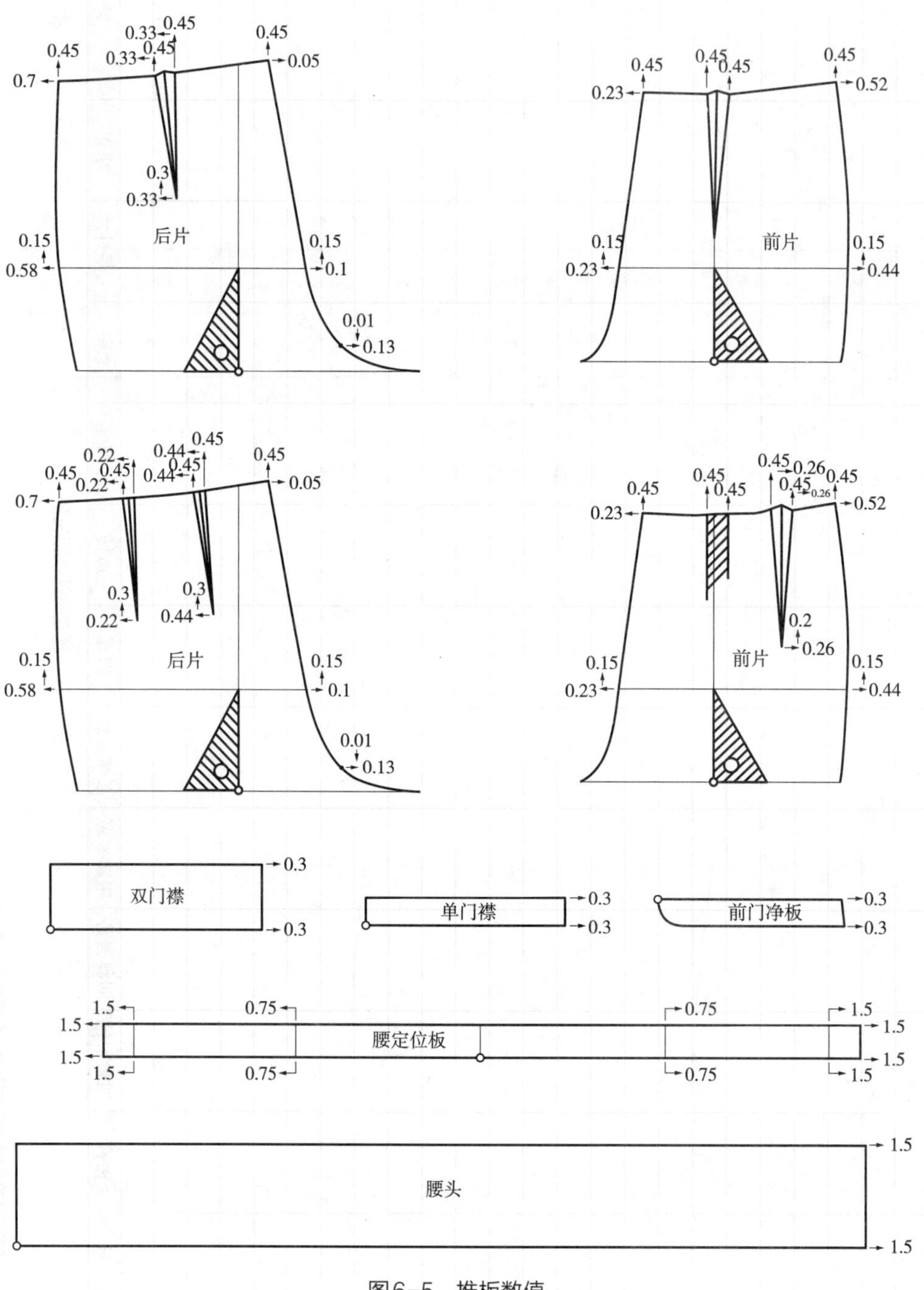

图6-5 推板数值

（3）前开明贴袋、袋盖、袋、袋布及圆弧腰各部位推放点详细数值请参考下列图纸，如图6-6所示。

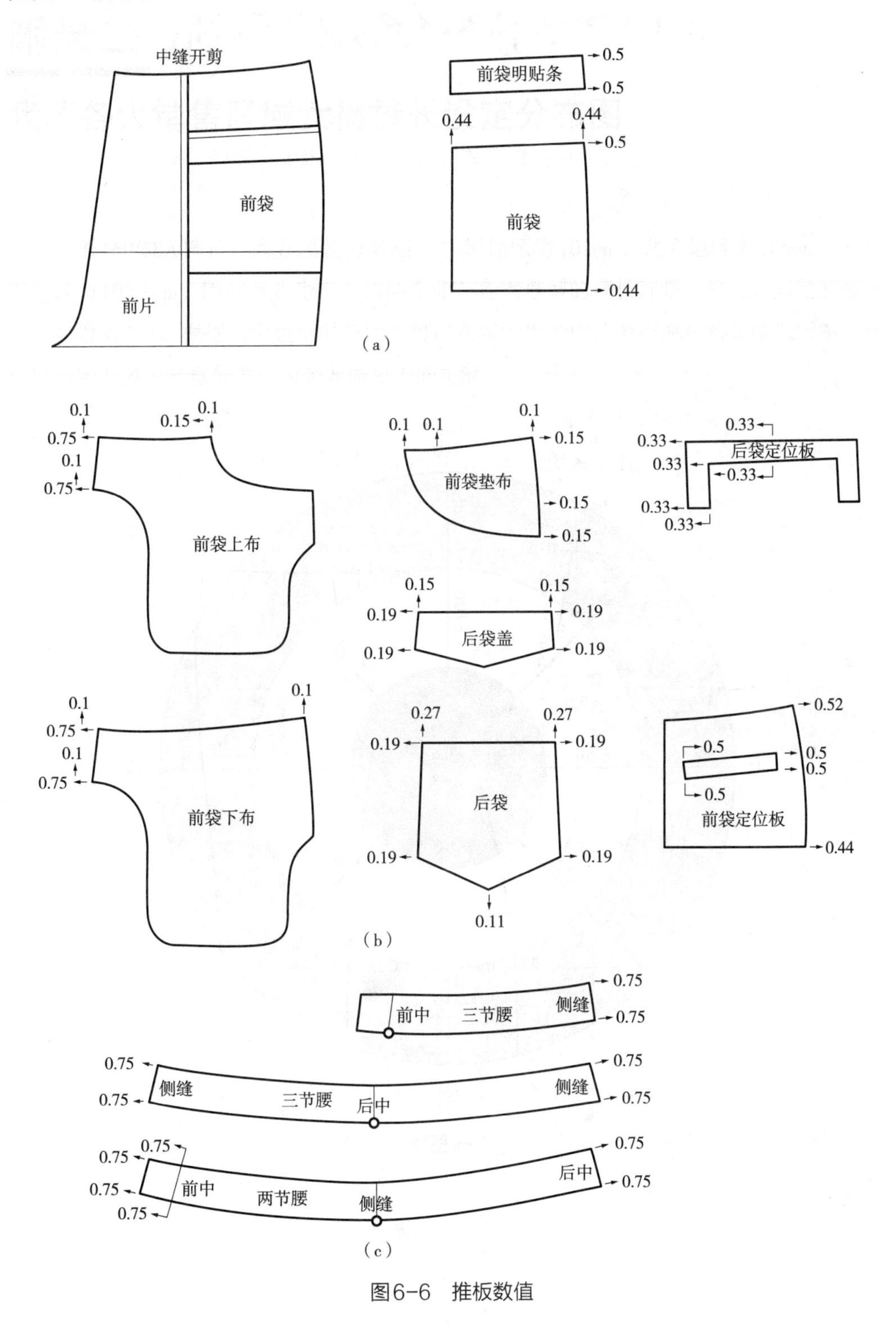

图6-6　推板数值

第四节 A体5·4系列推板数值

A体5·2系列女裤，各部位推板档差数值表，是为推板工作提供了精确、稳定，可靠的档差数值依据，见表6–6。

表6–6 女裤A体5·4系列推板档差表 单位：cm

部位	裤长	腰围	臀围	横裆	中裆	脚口	立裆
档差	3	4	3.6	2.2	1	1	0.6

（1）推板时，坐标线上下左右不能动，以中点为中心，按箭头方向，平行移位。无省前后裤片各部位推放点详细数值请参考下列图纸，如图6–7所示。

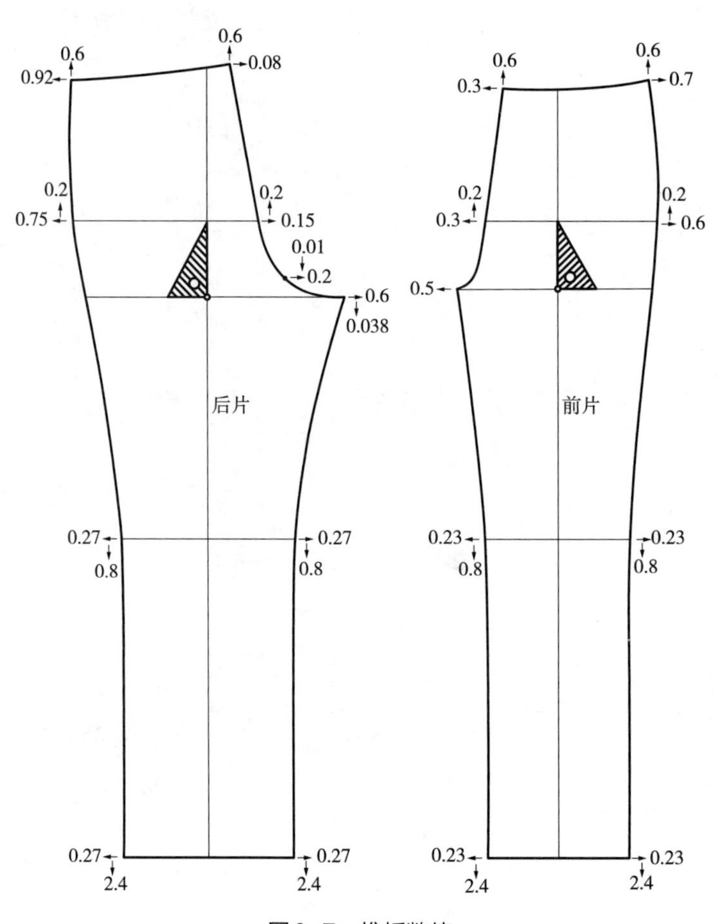

图6–7 推板数值

（2）单省、双省前后裤片、门襟及直腰头样板各部位推放点详细数值请参考下列图纸，如图6-8所示。

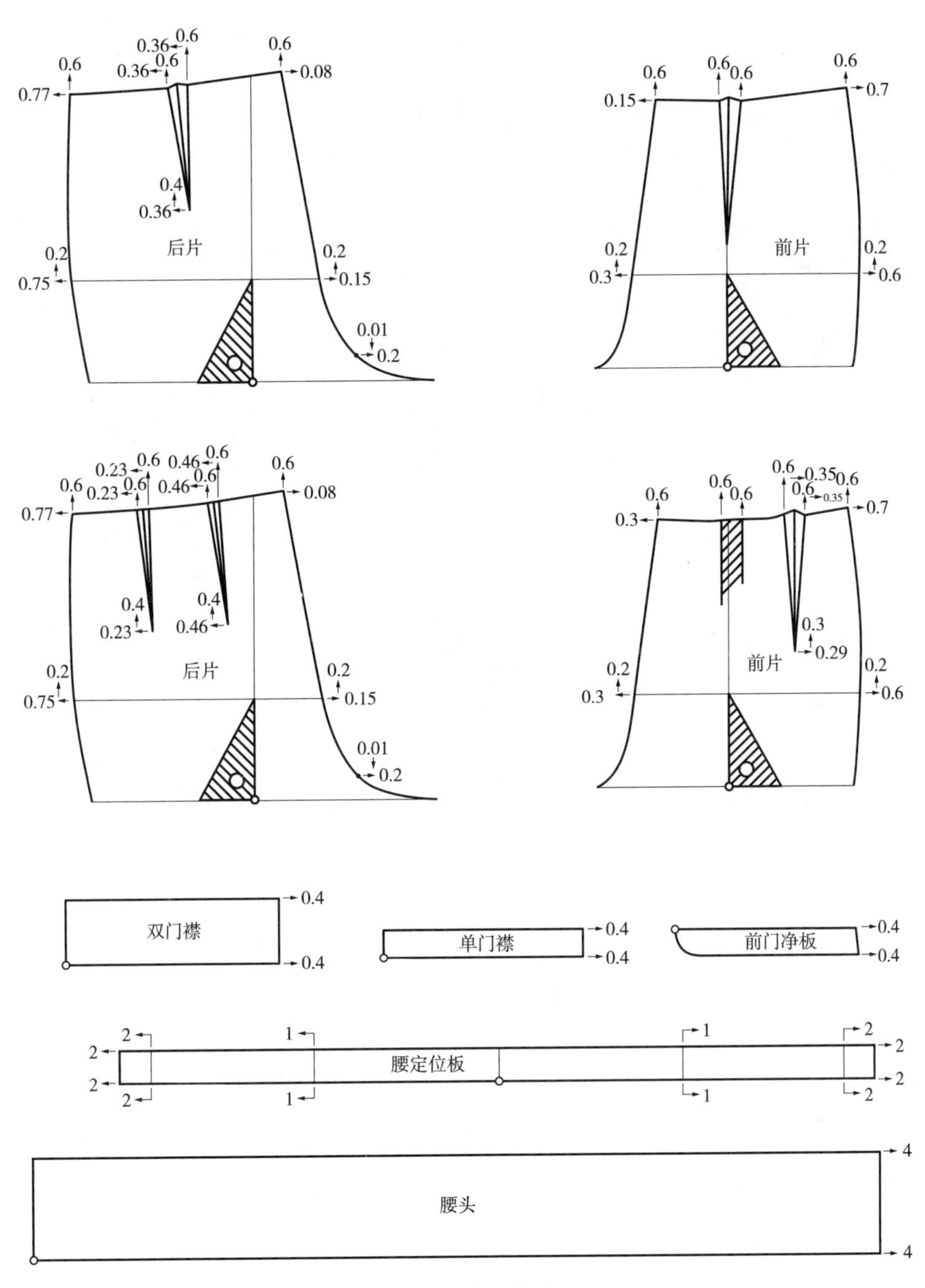

图6-8　推板数值

（3）前开明贴袋、袋盖、袋、袋布及圆弧腰各部位推放点详细数值请参考下列图纸，如图6-9所示。

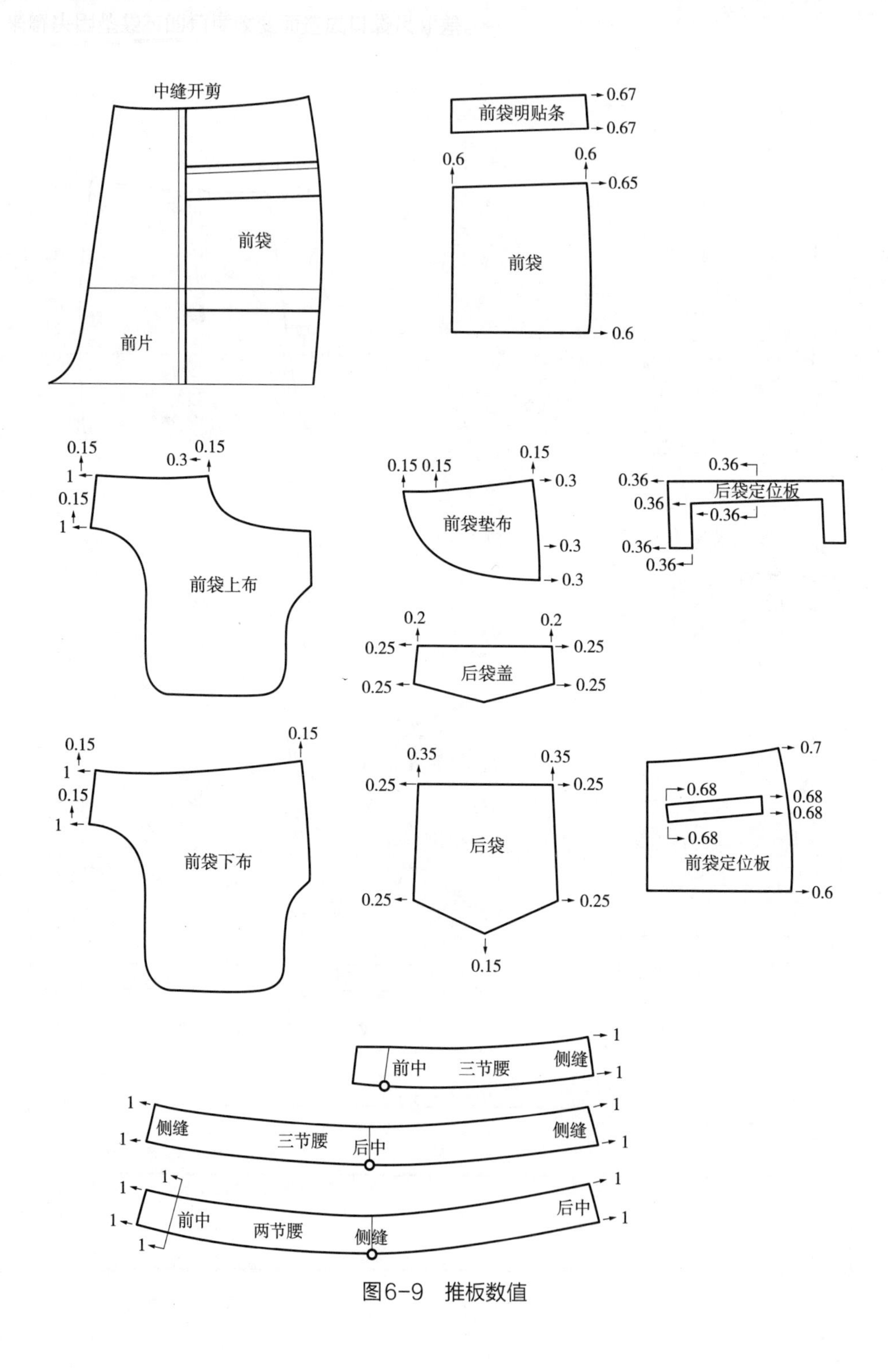

图6-9 推板数值

第五节　A体5·3.3系列推板数值

5·3.3系列腰围尺寸（市寸），郑州民营女裤厂使用数据，各号型裤长尺寸相同。以女子A体5·3.3系列号型为例，A体臀腰比为1：0.9（计算值3.3×0.9=2.97cm），采用值为3cm，见表6-7。

表6-7　女子A体5·3.3系列女裤尺寸参考表　　单位：cm

尺寸＼号型 部位	155	160	165	170	175	180	档差
裤长	103.5	103.5	103.5	103.5	103.5	103.5	0
腰围	64	67	70.3	73.7	77	80	3.3
臀围	91	94	97	100	103	106	3.6
横裆	55.8	57.6	59.4	61.2	63.0	64.9	2.2
中裆	19.6	20	20.4	20.8	21.2	21.6	0.4
脚口	18.6	19	19.4	19.8	20.2	20.6	0.4
立裆	21	21.5	22	22.5	23	23.5	0.5

女子A体5·3.3系列女裤，各部位推板档差数值表，是为推板工作提供了精确、稳定，可靠的档差数值依据，见表6-8。

表6-8　女裤A体5·3.3系列推板档差表　　单位：cm

部位	裤长	腰围	臀围	横裆	中裆	脚口	立裆
档差	0	3.3	3	1.84	0.84	0.84	0.5

（1）推板时，坐标线上下左右不能动，以中点为中心，按箭头方向，平行移位。无省前后裤片各部位推放点详细数值请参考下列图纸，如图6-10所示。

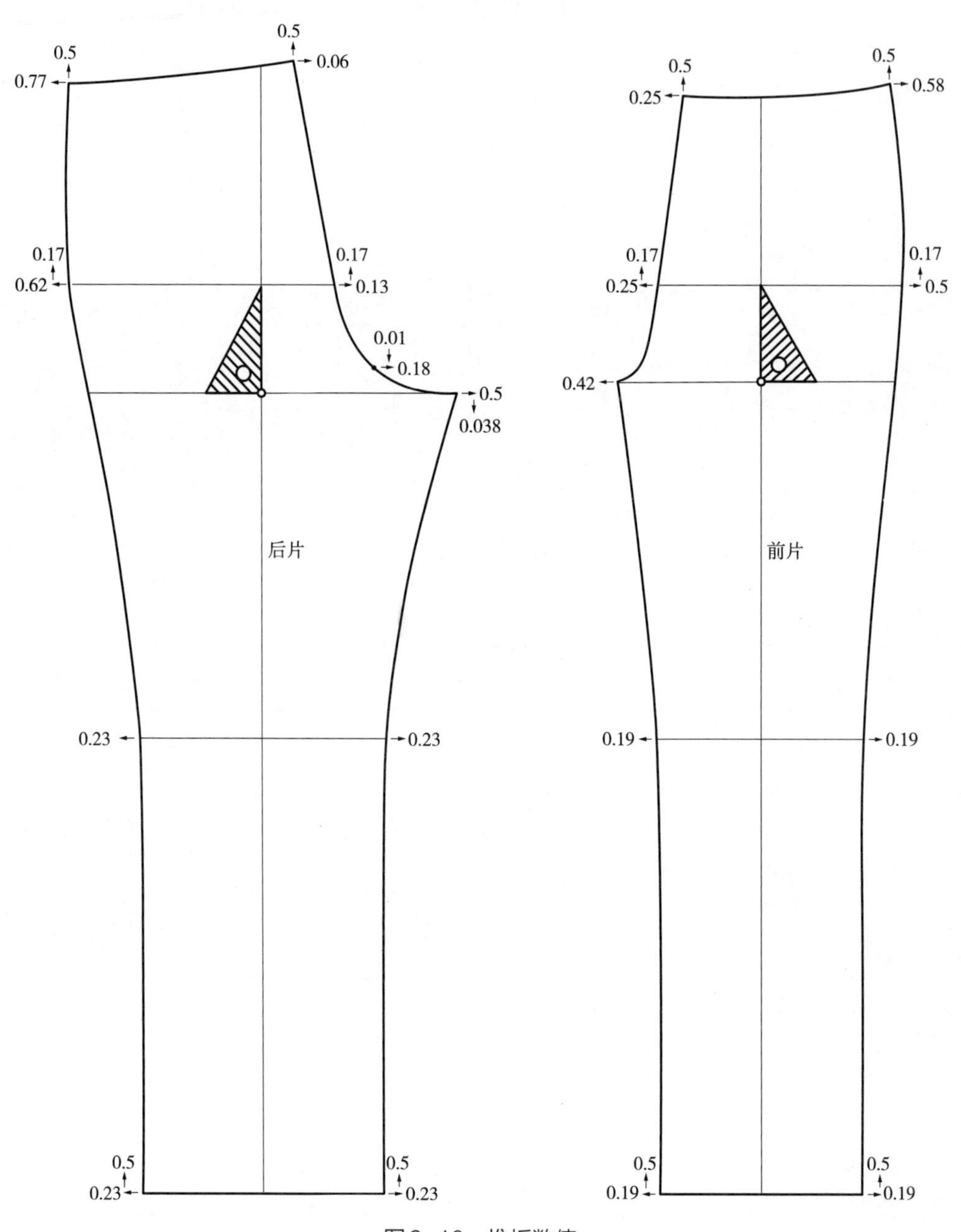
0.5
0.77
0.5
0.06
0.17
0.62
0.17
0.13
0.01
0.18
0.5
0.038
后片
0.23
0.23
0.5
0.23
0.5
0.23
0.5
0.25
0.5
0.58
0.17
0.25
0.17
0.5
0.42
前片
0.19
0.19
0.5
0.19
0.5
0.19

图6-10 推板数值

（2）单省、双省前后裤片、门襟及直腰头样板各部位推放点详细数值请参考下列图纸，如图6-11所示。

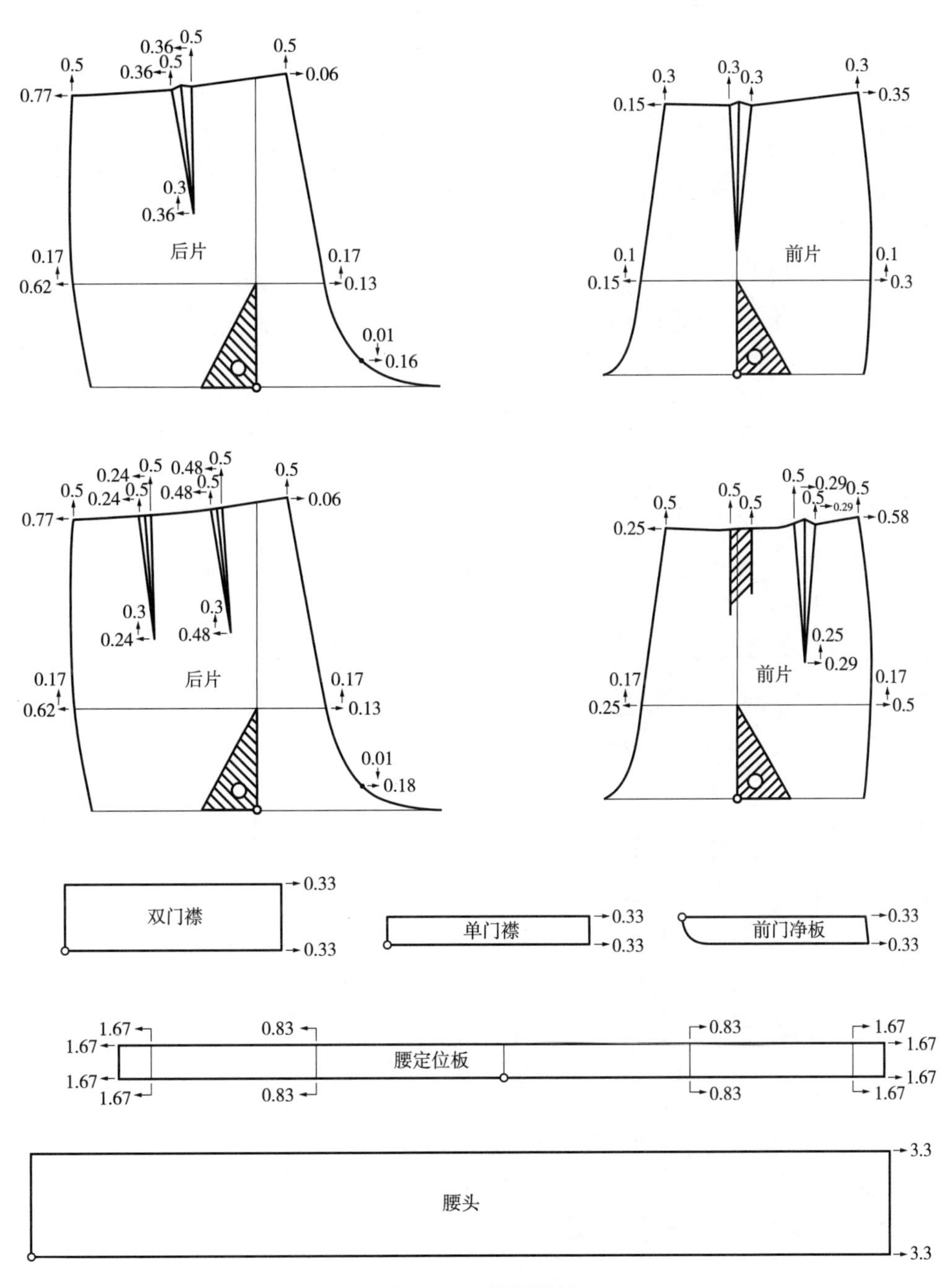

图6-11　推板数值

（3）前开明贴袋、袋盖、袋、袋布及圆弧腰各部位推放点详细数值请参考下列图纸，如图6-12所示。

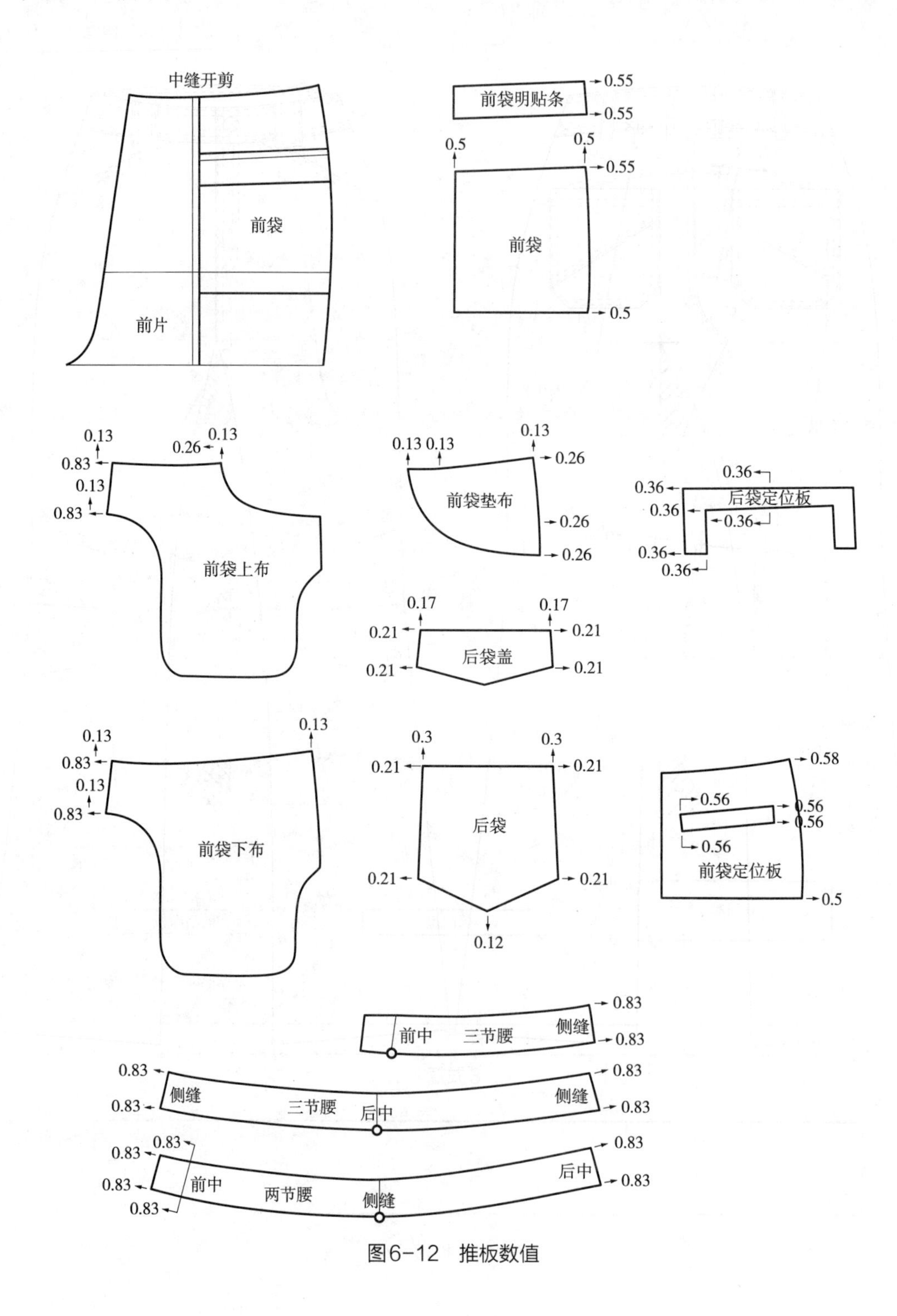

图6-12 推板数值

第七章

仿板与工艺单的制作

第一节 仿制样裤的尺寸测量与结构分析

一、仿制样裤的尺寸测量

仿制就是在提供的样裤上进行测量，因此测量的准确性直接影响样板的质量，质量取决于测量的方法。下面举例说明测量样裤的方法。

（1）裤长：将样裤在案板上放平，测量裤长，从脚口侧缝点量至腰口侧缝点。

（2）下裆长：从脚口下裆缝点垂直量至横裆线。

（3）立裆：从横裆线垂直量至前腰口点。

（4）腰头宽：从下腰口点量至上腰口点。

（5）前落腰：裤长－（下裆尺寸＋立裆尺寸＋腰头宽尺寸）。

（6）后翘高：从横裆线垂直测量至后裆缝腰口最高点－（前立裆尺寸＋前落腰尺寸）。

（7）腰围：双量腰口，直腰按腰口直量，圆弧腰按腰口弧线量。

（8）臀围：双量，从左臀围线与左侧缝线交点量至前门襟线与臀围线交点，再连续量至右臀围线与右侧缝线交点。

（9）横裆围：小裆尖横裆线向下1～1.2cm处，就是能直接看到的裆底处，过该点平行小裆尖横线双量×2（仿板必须测量横裆）。

（10）中裆围：双量中裆线与下裆线交点至中裆线与侧缝线交点。

（11）脚口围：双量脚口线与下裆线交点至脚口线与侧缝线交点。

（12）附件及服饰可以直接测量，尺寸直接添加在板上就可以了。

二、样裤照片的结构分析

预先提供一张样裤照片或截屏图，在没有样裤的前提下，可以使用我们自己的基础样板图，将照片上的款式按照比例复制就可以了。将测量样品裤所得数据与我们的数据进行对比，样裤哪里有毛病就一目了然了。这时我们就可以向甲方或企业主管进行反应，是否需要修改制板数据。如果反馈信息不需要更改，就可以直接制板。样品裤的尺寸数据结构分配分析。

（1）腰围、臀围、中裆、脚口的比例加减要分析清楚（肥瘦比例直接影响板型的效果）。

（2）横裆与大小裆的比例分析清楚（裆部的比例与角度直接影响后面裆部结构与视角）。

（3）横裆与甩裆的比例分析清楚（因为甩裆直接影响裤腿的板型）。

第二节　生产工艺单的制作

一、工艺单内容

（一）基本信息

（1）款号：是服装企业设计服装款式时，设定的编号，比如：5006、8009等（制板师填写）。

（2）实裁总数：裁剪房实际裁剪的每一批次服装件数的总数（裁剪工填写）。

（3）原料、辅料、数量、规格：是为材料库管理员提供配料数据（工艺师填写）。

（4）尺寸单：填写每个号型的实际成品尺寸，以便质检人员检测成品服装，为检测人员提供科学、合理、准确的服装测量依据（制板师填写）。

（5）填写每个号型的裁剪件数，为后道工序提供准确的包装数据（裁剪工填写）。

（6）缝纫注意事项：以第一款效果图为例（为大家填写参考样本）。

（7）针距以每3cm为测量单位：平缝机针号14#、平缝针距15针、锁边针距13针、商标针距13针、明丝线针距必须控制在9～10针（因为超过10针，丝线就看不到亮光了，低于9针，针迹过大）。

（8）除特殊部位外，缝份均为1cm。注：腰头面底面必须绱0.5cm宽牵条。

（9）缉明线位置：腰头上、下0.1～0.6cm、前袋口0.1～0.6cm、后袋口1.5cm、后袋周边0.1～0.6cm、侧缝、脚口、前门襟0.1～0.6cm、前育克、后育克0.1～0.6cm、后裆0.1～0.6cm。

（10）黏衬：腰面黏横无纺衬、腰里黏衬（有衬填写有，无衬填写无），单双门襟、前袋口、后袋位黏竖无纺衬。

（11）链机包条（单针链式包缝机）：腰头里下边、单双门襟、前后裆、前袋、后袋。

（12）褶省倒向：前褶省倒向前中缝，后褶省倒向后裆缝，左右对称。

（13）打结：前门襟结长0.8cm、前门襟定位结长0.8cm。

（14）主商标、水洗标部位：应订在裤右后片腰头里中间。

（15）丝吊带部位：腰头里两侧下。

（16）拉链部位：前门襟（订钩）、前片、后片、前袋、后袋、侧袋。

（二）裁剪注意事项

（1）先做一条样裤，合格后再裁剪成批生产，样裤与原样如有出入，请及时修改样板。

（2）裁剪前必须检查裤样板是否短码或零料是否齐，如样板数量不对，绝对不能裁剪生产。

（3）注意面料的正、反面，检查面料色差、条纹、格纹、花色、疵点、倒顺毛等。

（三）包装注意事项

所有部位线头处理干净，熨烫平整，无光亮及整烫印迹，每件成品检验合格后再包装。

（四）其他

（1）为了确保生产质量安全，每个部门的责任人都要签字，包括制板师、工艺员、技术主管、生产厂长。

（2）工艺单的效果图处绘制裤效果图。最后填写填单日期。

（3）注：有些内容工艺单上面如果写不下，可以另拿一张纸填写，然后将它钉在工艺单上即可，工艺单见表7-1。

裁剪统计明细表见表7-2，班组工时记账单见表7-3。

二、女裤生产工艺单（表7-1）

表7-1　女裤生产工艺单

款号：　　　　实际裁剪总数：　　　　　　　　　　　　　　年　　月　　日　　　　　　单位：cm

原附材料	数量	规格	尺寸 号型 / 部位	7	9	11	13	15	17	19	21		
面料													
里料			腰围										
袋布			臀围										
有纺布			裤长										
无纺布			横档										
主商标			中档										
水洗标			脚口										
丝吊带			立档										
腰牵条			下裆长										
吊牌			前裆大										
塑料袋			后裆大										
纽扣			门襟										
拉链													
黏钻													
												班长签字	
			裁剪数										
			加工数										
			包装数										

工艺员	技术主管	生产厂长	尺寸公差	面料编号	板号	裤型	
			±1cm				

效果图

缝纫注意事项	
	1. 针距每3cm：平缝机针号（　）#、平缝针距（　）针、锁边针距（　）针、商标针距（　）针、明丝线针距（9~10）针。
	2. 除特殊部位外，缝伤均为1cm。注：腰口面底面必须绱0.5cm宽牵条
	3. 缉明线位置：腰头上、下（　）、前袋口（　）、侧缝（　）、脚口（　）、前门襟（　）、前育克（　）、后育克（　）。
	4. 黏衬部位：腰头面黏横无纺衬、腰头里黏横（）纺衬、单双门襟、前袋口、后袋位黏竖无纺衬
	5. 链机包条部位：腰头里下边、单双门襟、前后裆、前袋、后袋
	6. 褶省倒向：前褶省倒向前中缝、后褶省倒向后裆缝（左右对称）
	7. 打结：前门襟明结长0.8cm、前门襟明或暗定位结长0.8cm
	8. 主商标、水洗标位：应订在裤右后片腰头里中间
	9. 丝吊带：腰头里两侧下
	10. 拉链部位：前门（　）、前片（　）、后片（　）、前袋（　）、后袋（　）、侧袋（　）
裁剪	1. 先做一条样裤，合格后再成批生产，样裤与原样如有出入，请及时修改样板
	2. 裁剪前必须检查裤样板是否短码或零料是否齐，如样板数量不对，绝对不能裁剪生产

制单人：张宏坤　　　联系电话：13938478881

三、裁剪统计明细表（表7-2）

表7-2 裁剪统计明细表

年 月 日

月	日	板号	面料名称	面料编号	出库米数	实裁米数	幅宽	单耗	实裁数	零条	合计	布头	备 注

四、班组工时记账单（表7-3）

表7-3　班组工时记账单

年　　月　　日

款号：		裁剪总数：		本班组加工数量：				单位：　元	
月	日	组别	姓 名	工序名称	件数	单价	金额	合计	备 注

参考文献

[1] 纺织工业科技技术发展中心．中国纺织标准汇编·服装卷[S]．2版．北京：中国标准出版社，2011.

[2] 戴鸿．服装号型标准及应用[M]．3版．北京：中国纺织出版社，2009.

[3] 文化服装学院．文化服装讲座（新版）[M]．范树林，译．北京：中国轻工出版社，1998.

附录一

女裤制板中常见问题与解决方法

一、为什么裤子拧腿

（1）制板：烫迹线（裤中线）不正，需重新制板。

（2）面料：经纬纱松紧度编织不均匀，需更换面料。

（3）拉布：拉布时，每一层的松紧度不均匀，需保证每一层布料的松紧度均匀。

（4）裁剪：排料工艺不正确，需改换前、后裤片左、右排料方向。

（5）锁边：锁边时将布料切除，需保证锁边时，只切毛不切料。

（6）合缝：裤片吃势不均匀。合缝时，裤子后片永远在下面，脚口至中裆不能有吃势，中裆以上可吃势。面料纱向不正时，合下裆之前要甩正裤片。

（7）大烫：归拔不正确。女裤主要以弹性面料为主，有弹面料在整烫时，只能归，不能拔。

二、为什么裤子挂起以后，裆尖向前突出

这样的问题大部分出现在高弹面料上，主要原因是大、小裆宽过大造成的，制板时感觉不大，产品制作好了，裆宽过大的问题就出现了，这是因为面料的弹性过大造成的，所以在制板时裆宽尺寸设定应该小一些。

（1）制板：后大裆尺寸设计过大，缩小后大裆尺寸。

（2）制板：后翘太高，降低后翘高。

（3）整烫：因为整烫时将后裆线拉长了。整烫后裆线时一定要归，千万不要拔。

（4）平缝：前小裆尖至臀围点，千万不要压明线。

三、为什么裤子穿着以后，前月牙袋垫袋布总是打褶不平整

这个问题不单是月牙袋的问题，只要是前片有张嘴的袋，如圆形袋，斜袋等都会出现这样的问题，这些问题是因为制板师对面料的特性不够了解，不管是有弹面料还是无

弹面料，在45°抻拉时，它的弹性都是最大的。所以在裤穿着以后，袋口张开嘴，垫袋布角度改变，致使倾斜变长，但这时袋口并没有改变，所以在制作样板时应修正袋口尺寸来解决因垫袋布的角度改变而造成口袋尺寸差。

附录二

我国各大销售区域女裤裤长设定分布图

女子160/68A裤长：南方地区为99cm，中原地区为102cm，北方地区为106cm，东西部地区为103.5cm。因此专业生产女裤的企业，各大号型的裤长都是一样的，只是肥瘦分号，如附图2-1。根据图中表示的长度，可以在实际生产中，节省原材料，降低成本，在销售市场上多一分竞争力，为企业做更大的贡献。

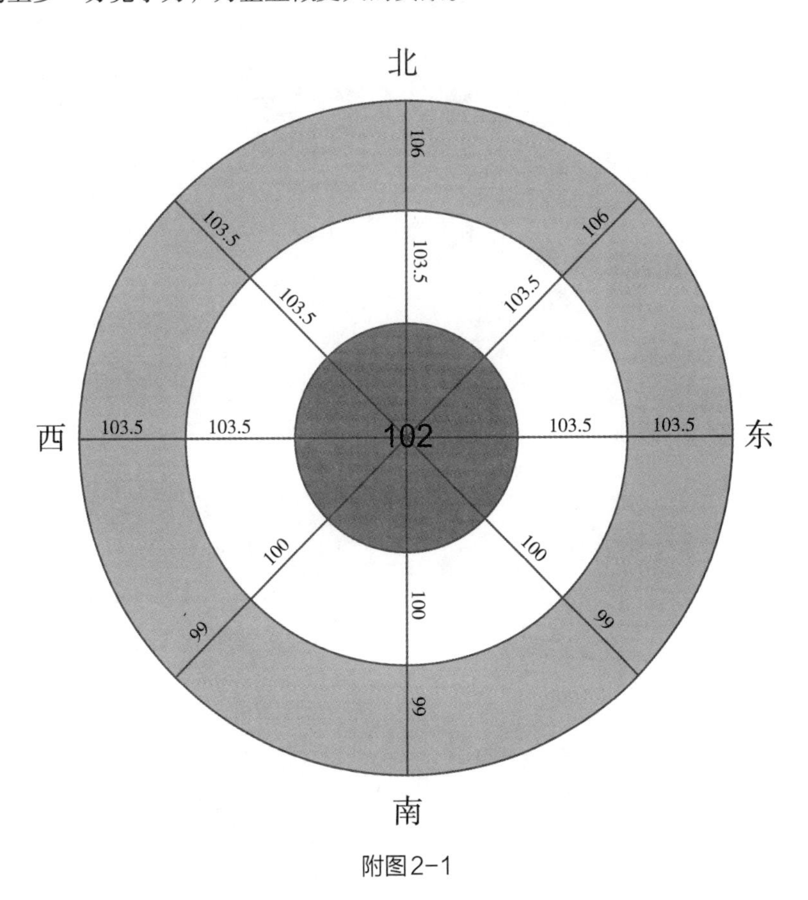

附图2-1

附录三

女裤款式图

我们为大家提供一些基本女裤效果图的绘画示范，供大家参考。在女裤设计上，大家可以发挥自己的想象力，随心所欲地去设计。

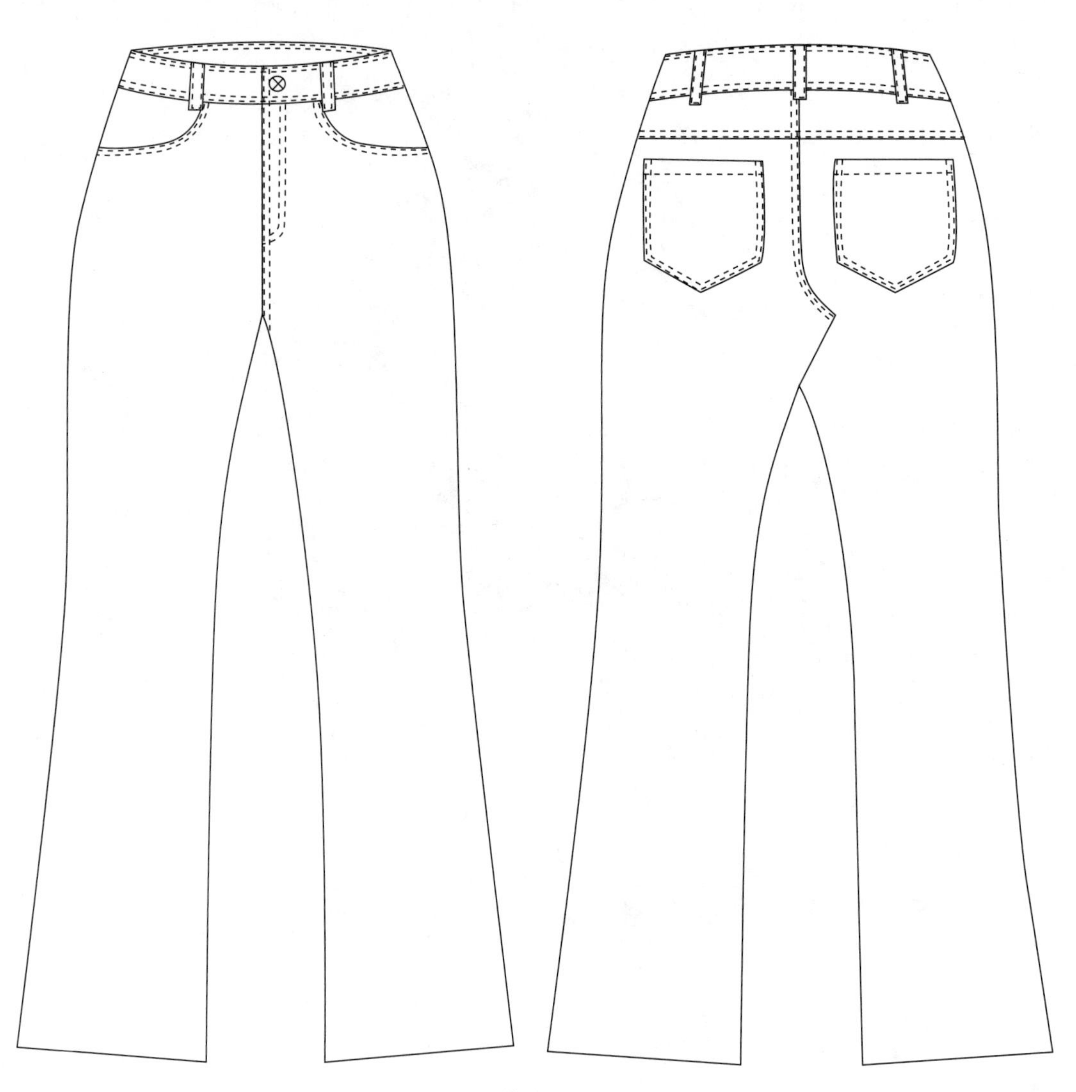

款式 1

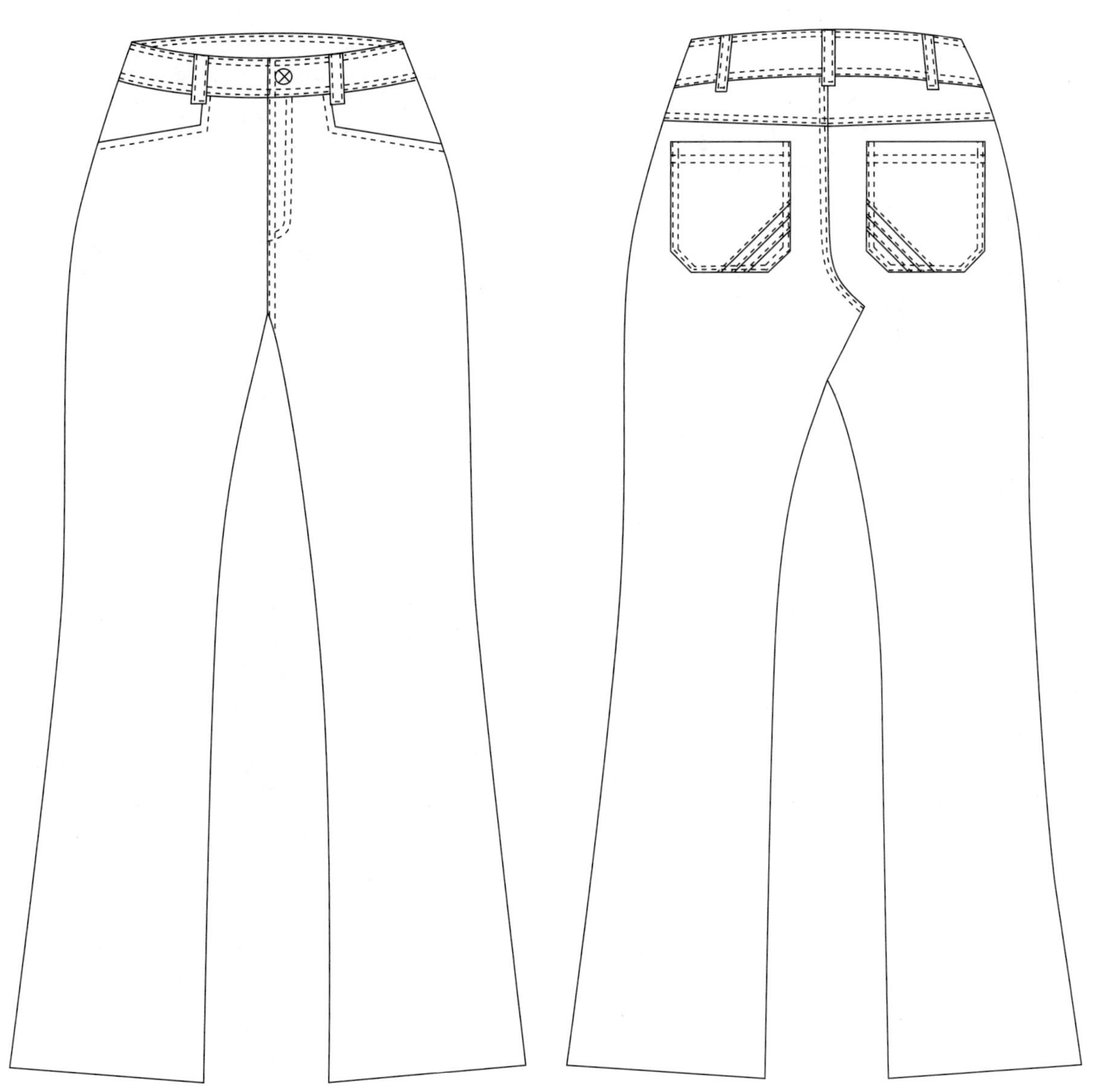

款式2

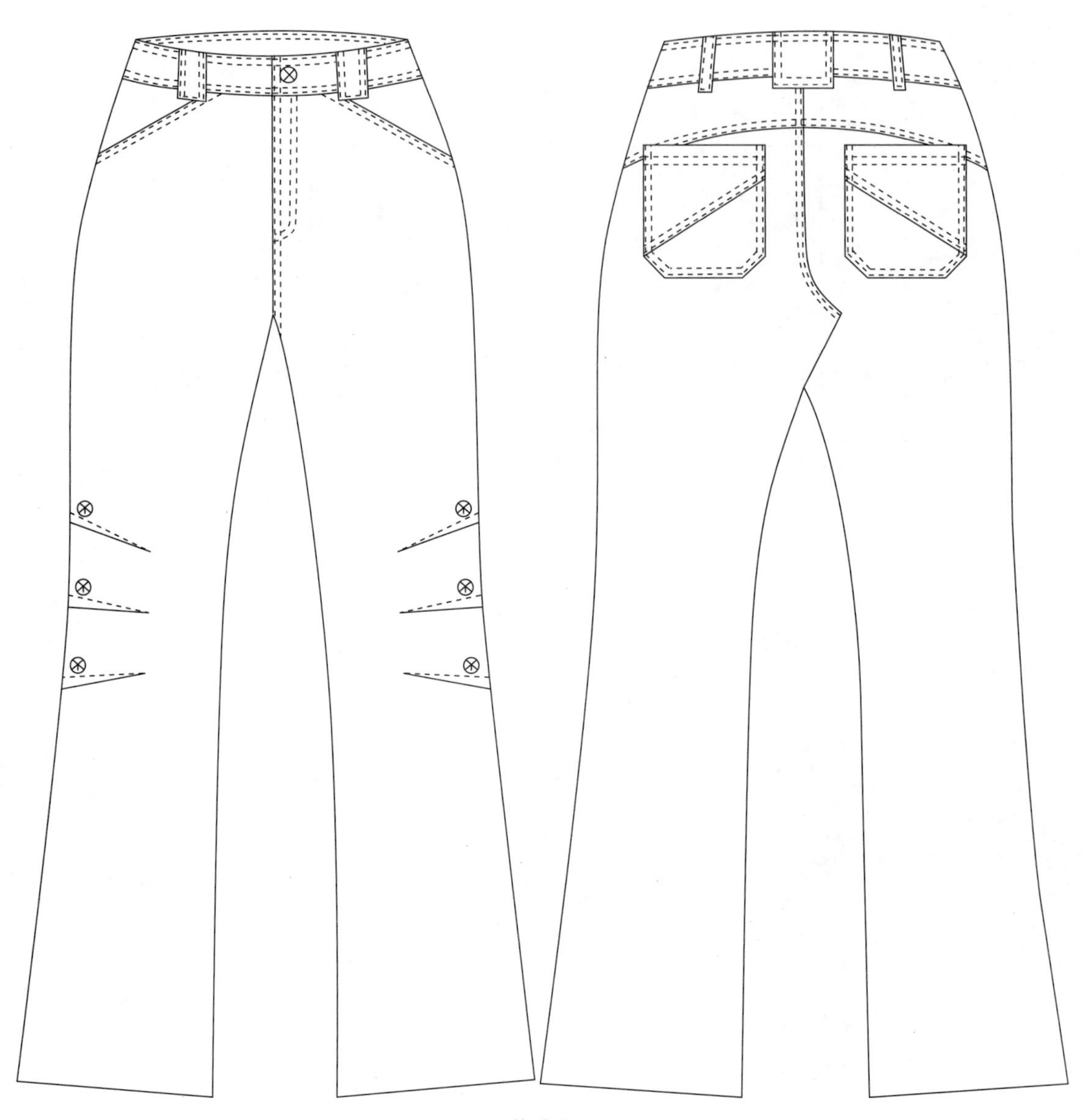

款式3

款式4

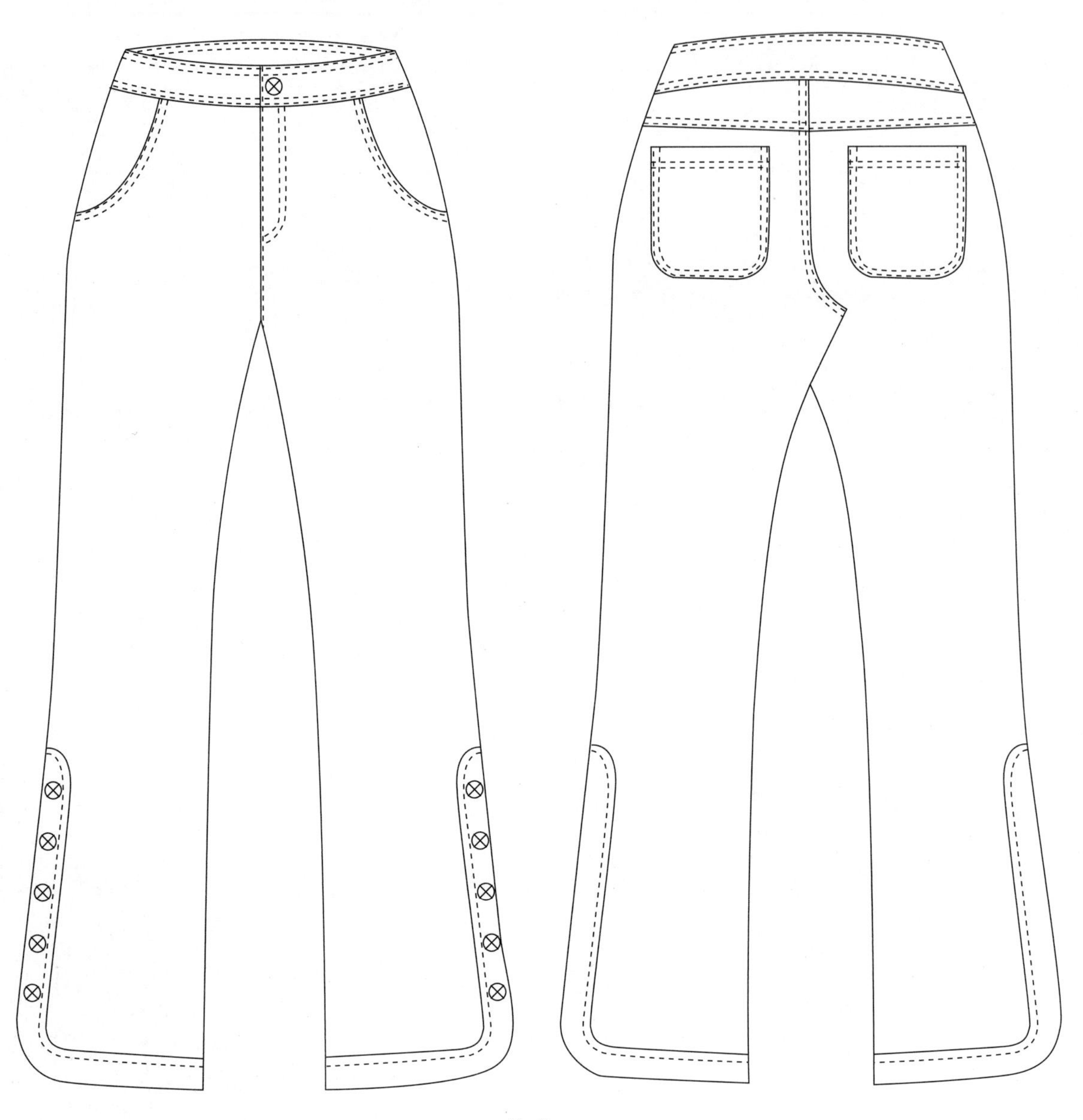

款式5

款式6

款式7

款式8

款式9

款式10

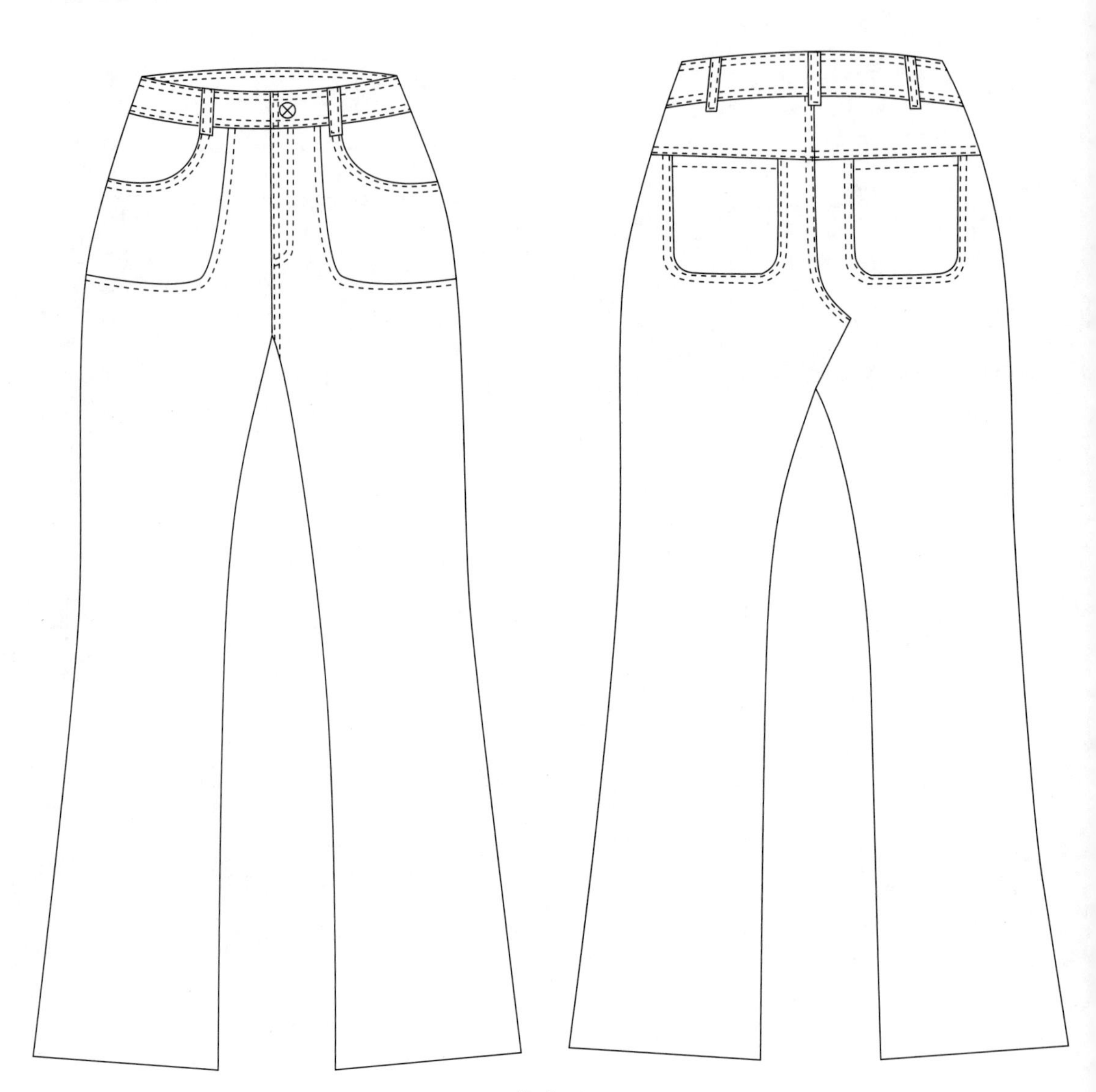

款式11

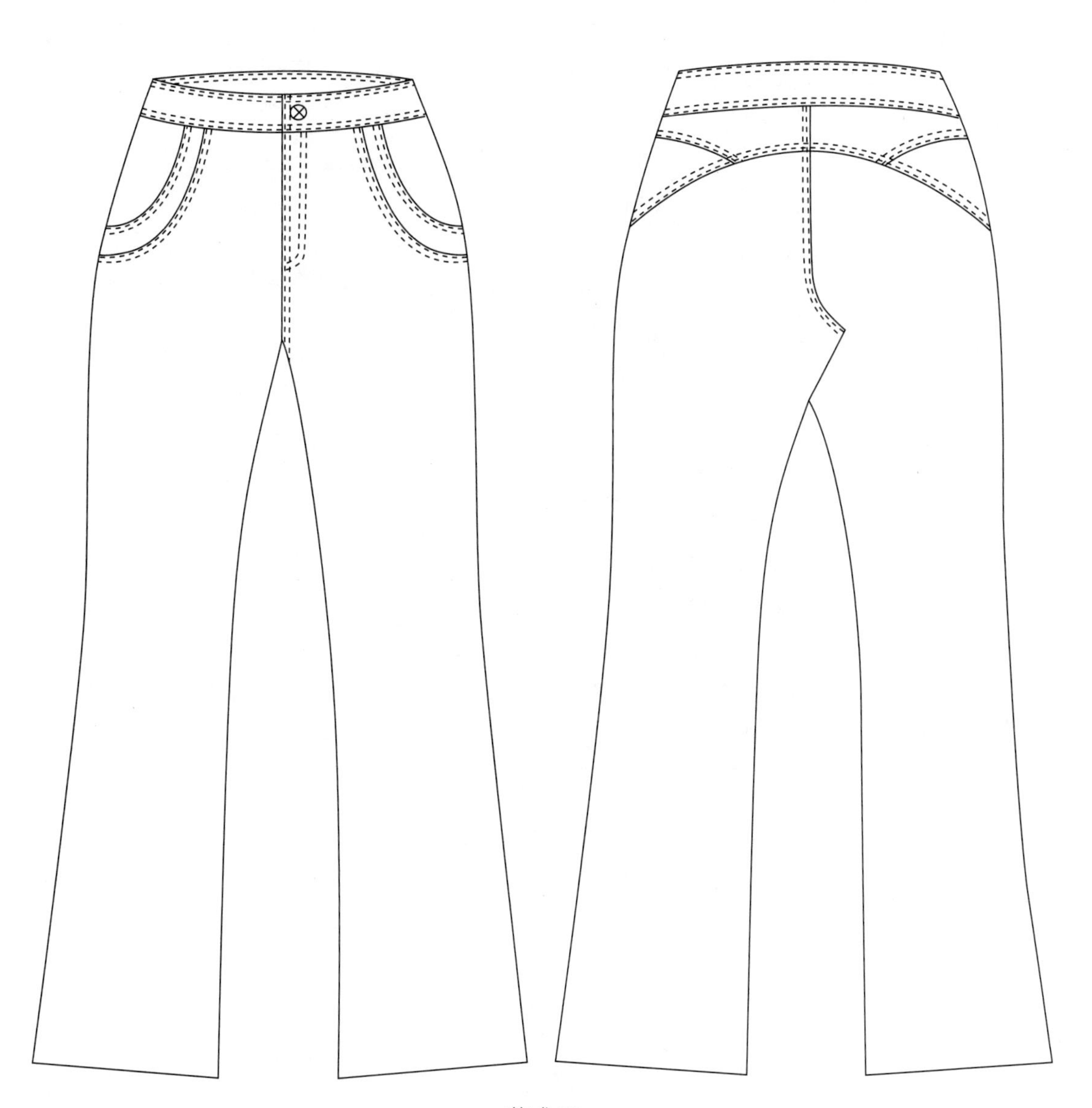

款式12

款式 13

款式 14

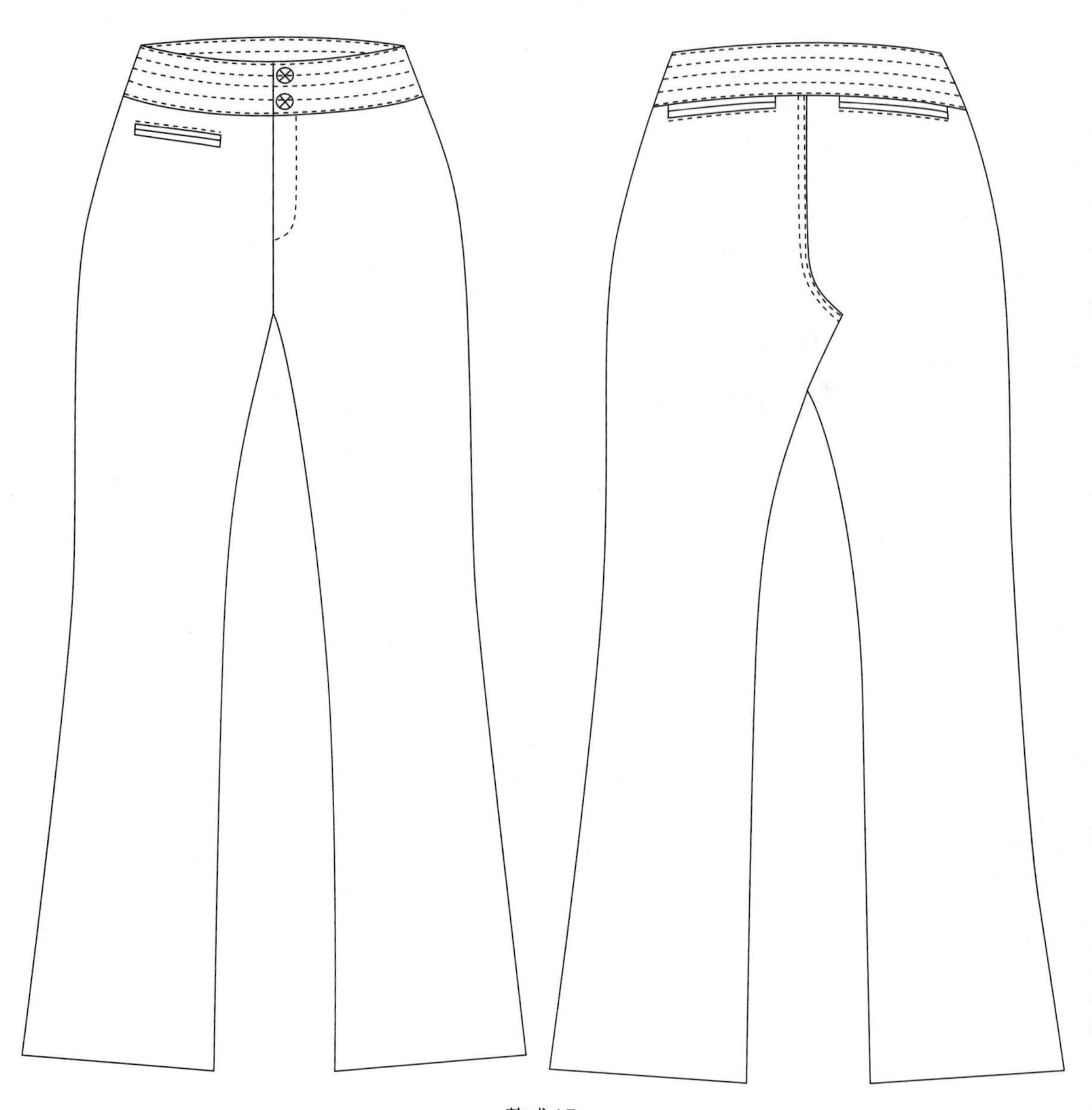

款式15

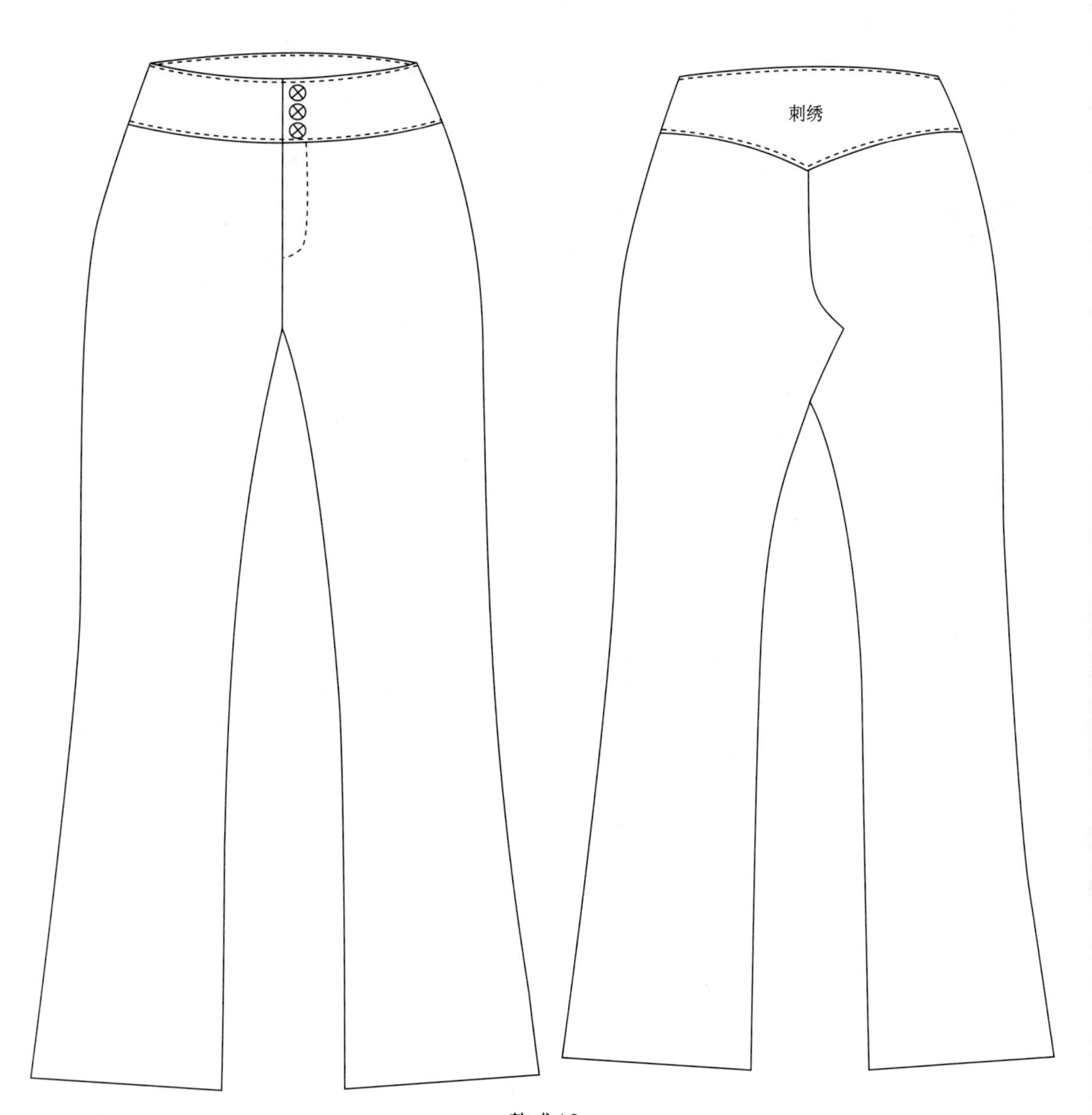

款式16

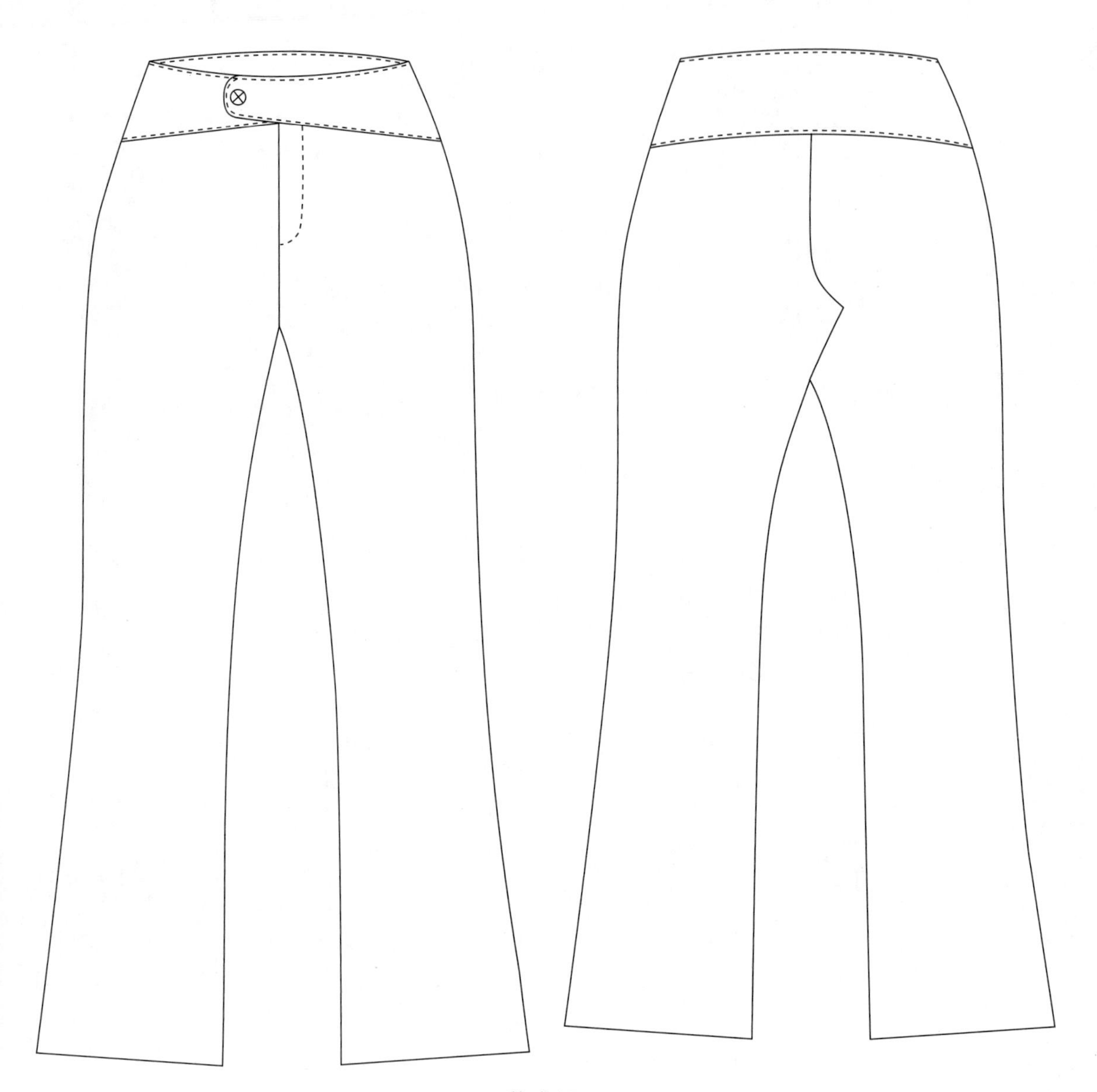

款式17

款式18

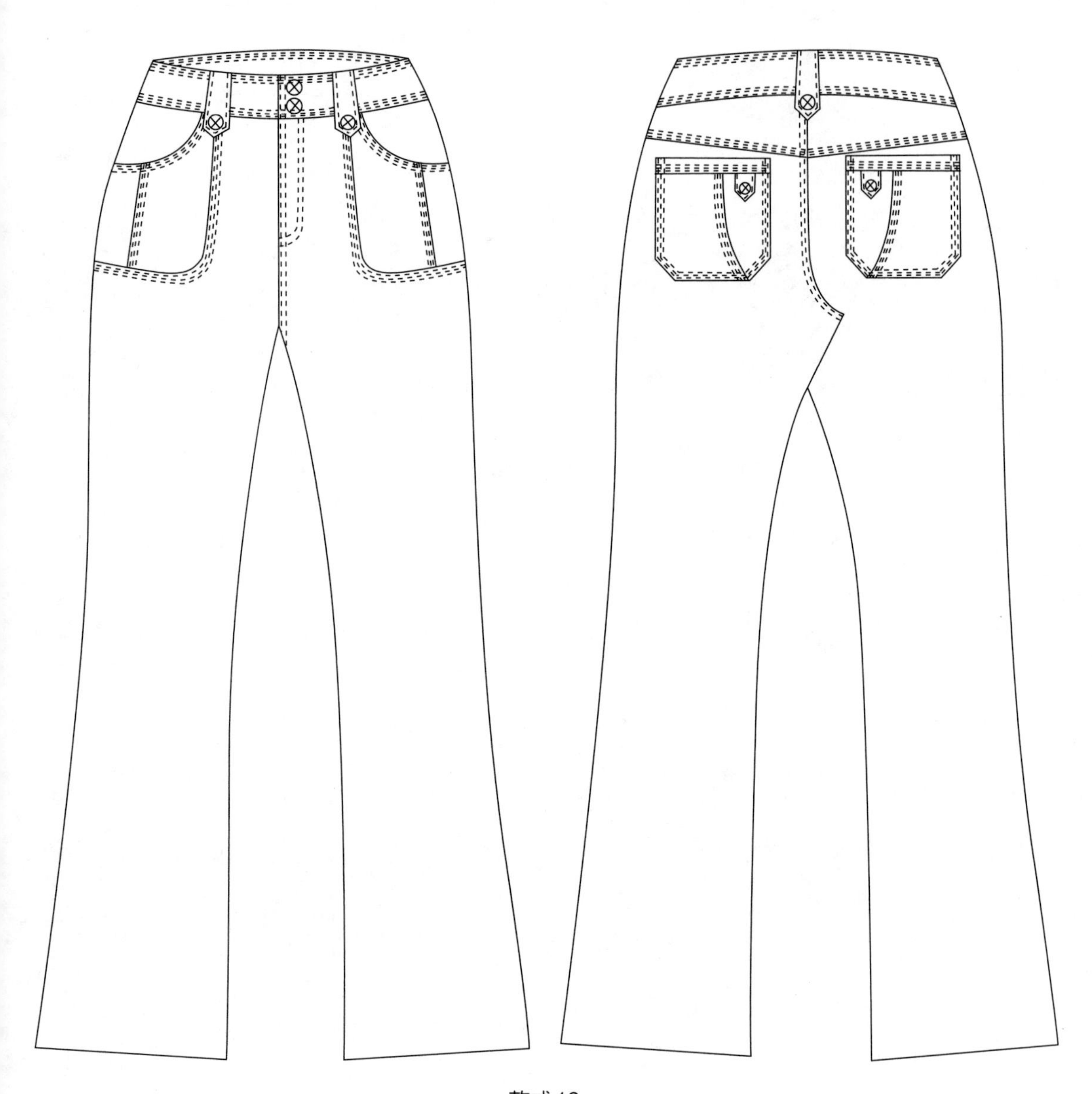

款式19

款式20

款式21

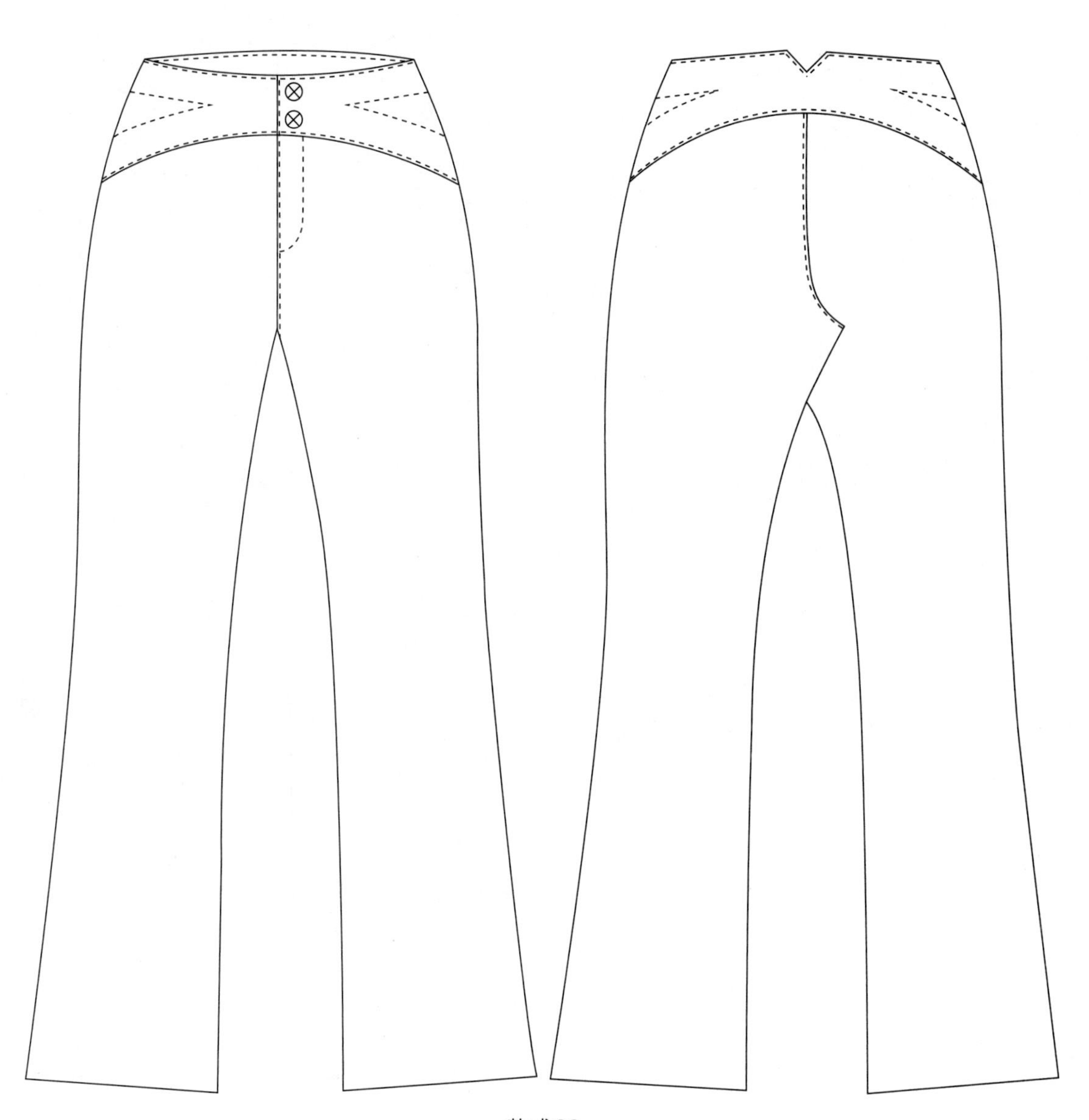

款式22

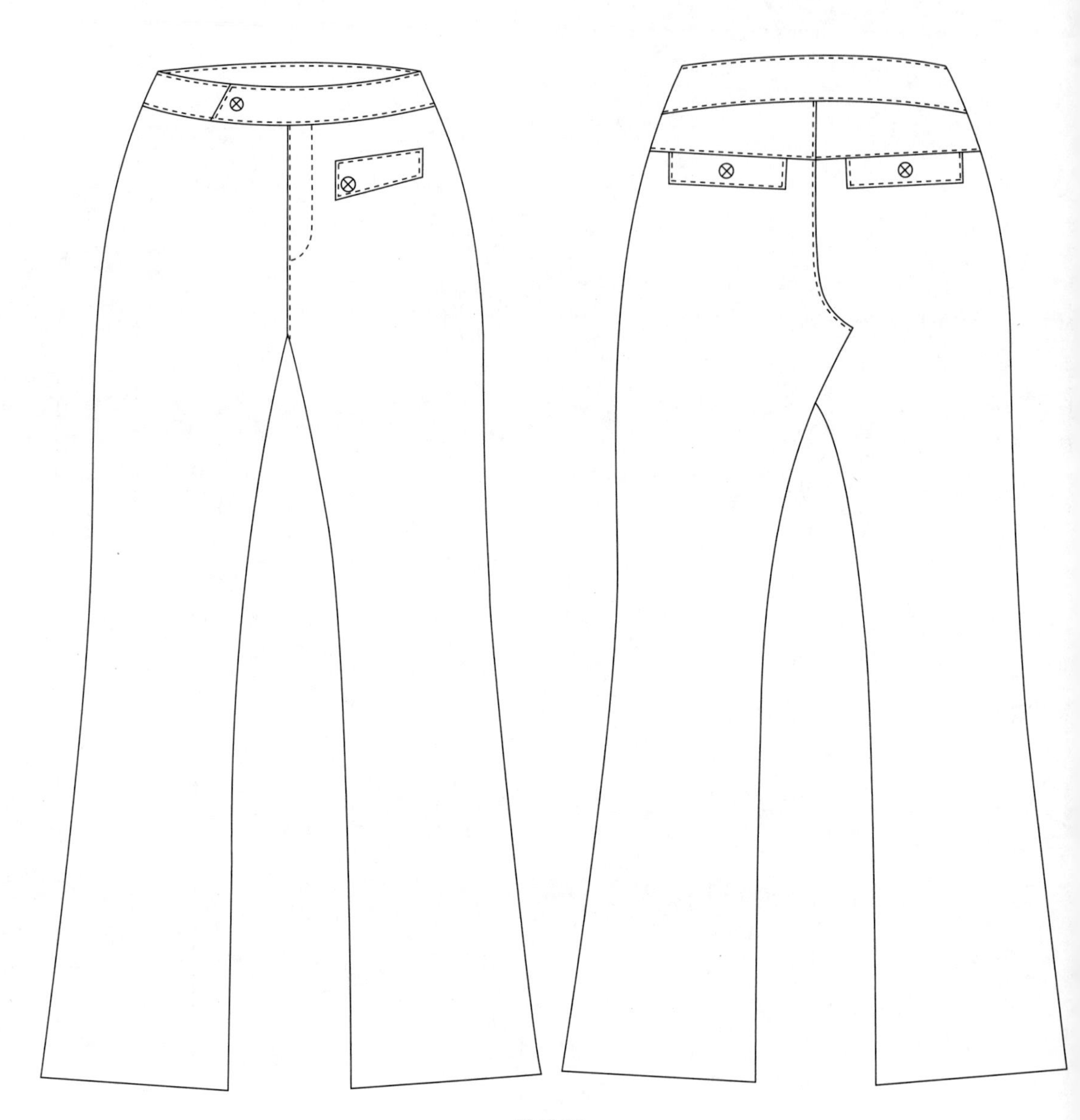

款式23

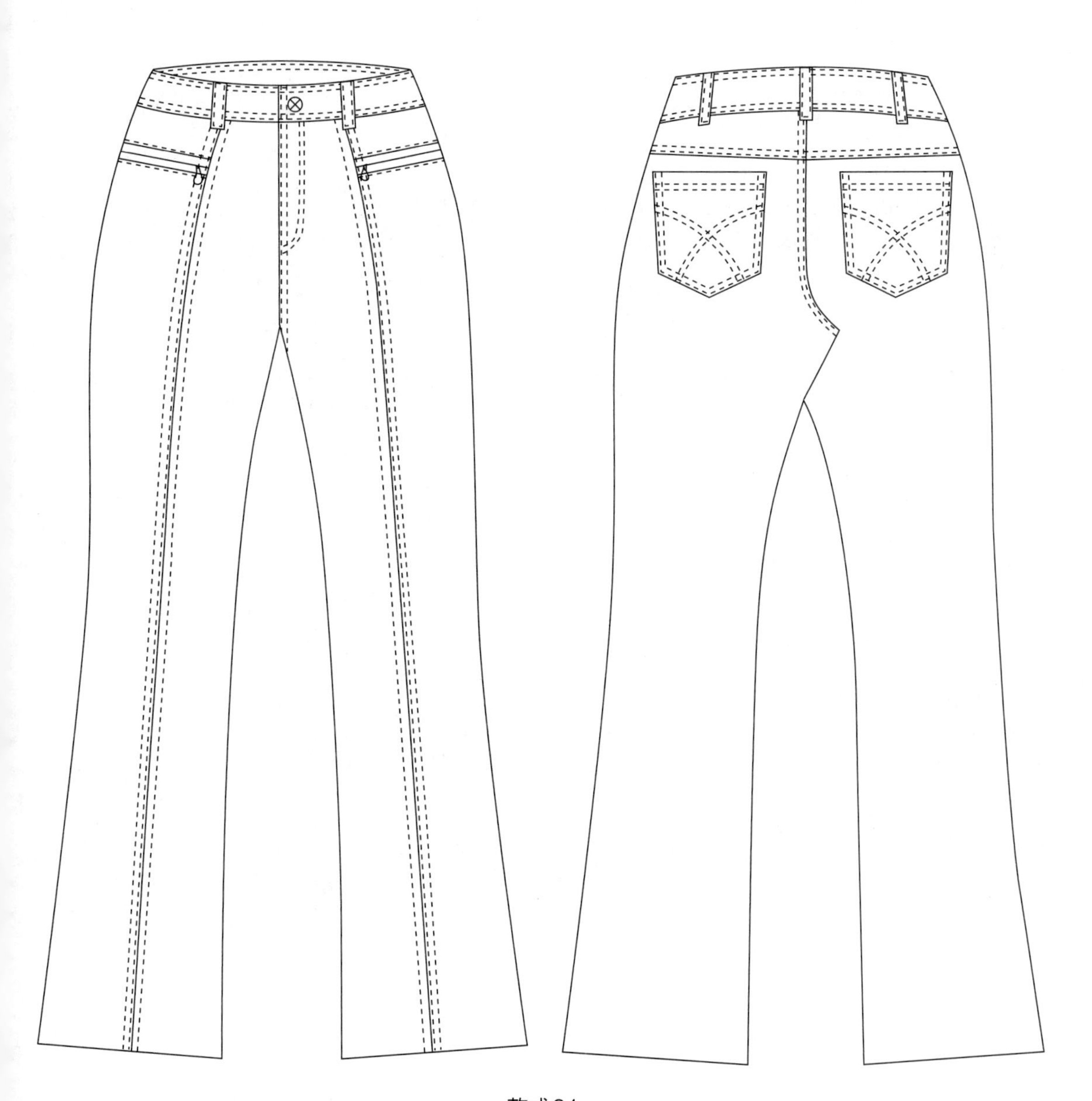

款式24

款式25

款式26

款式27

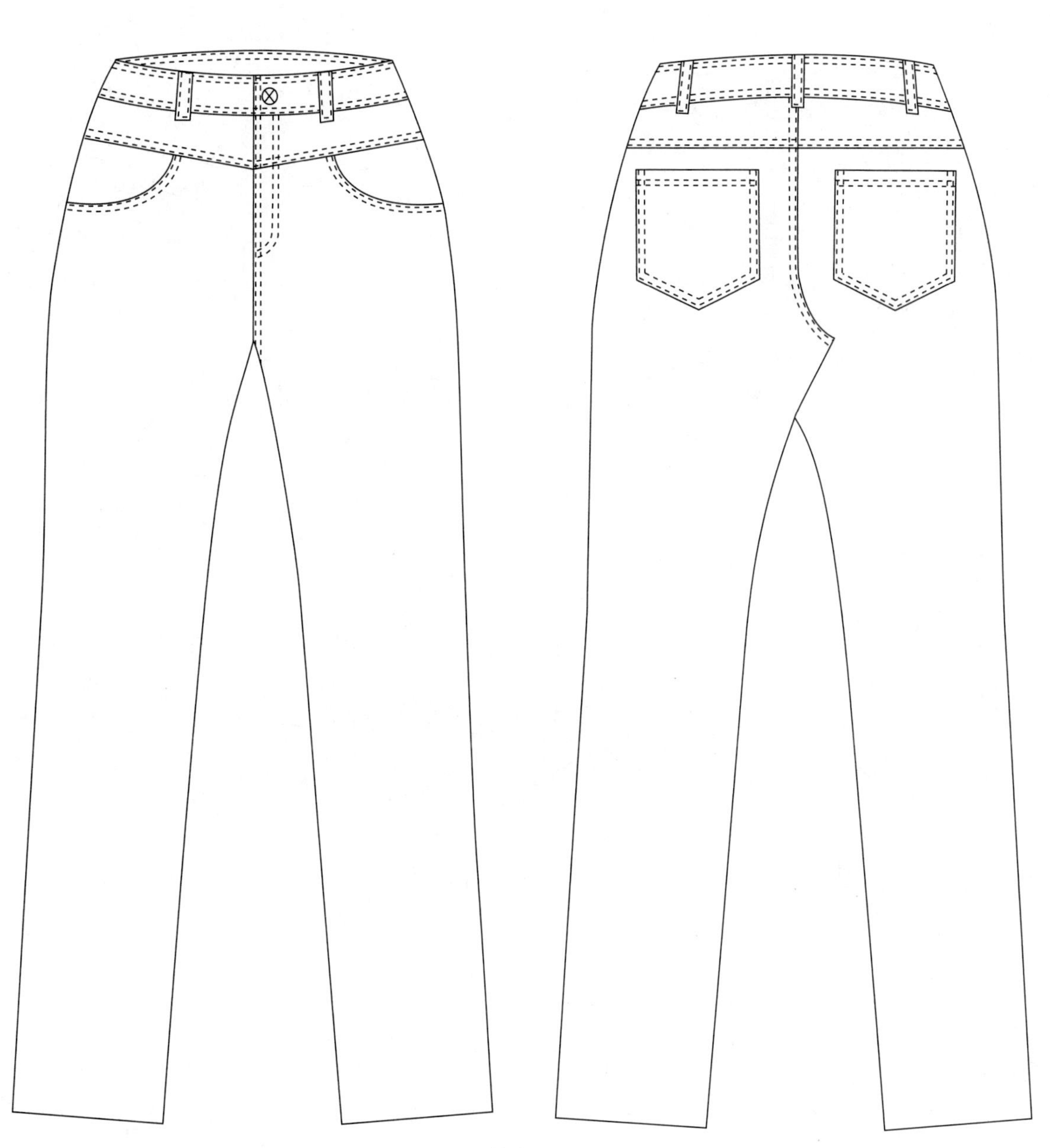

款式28

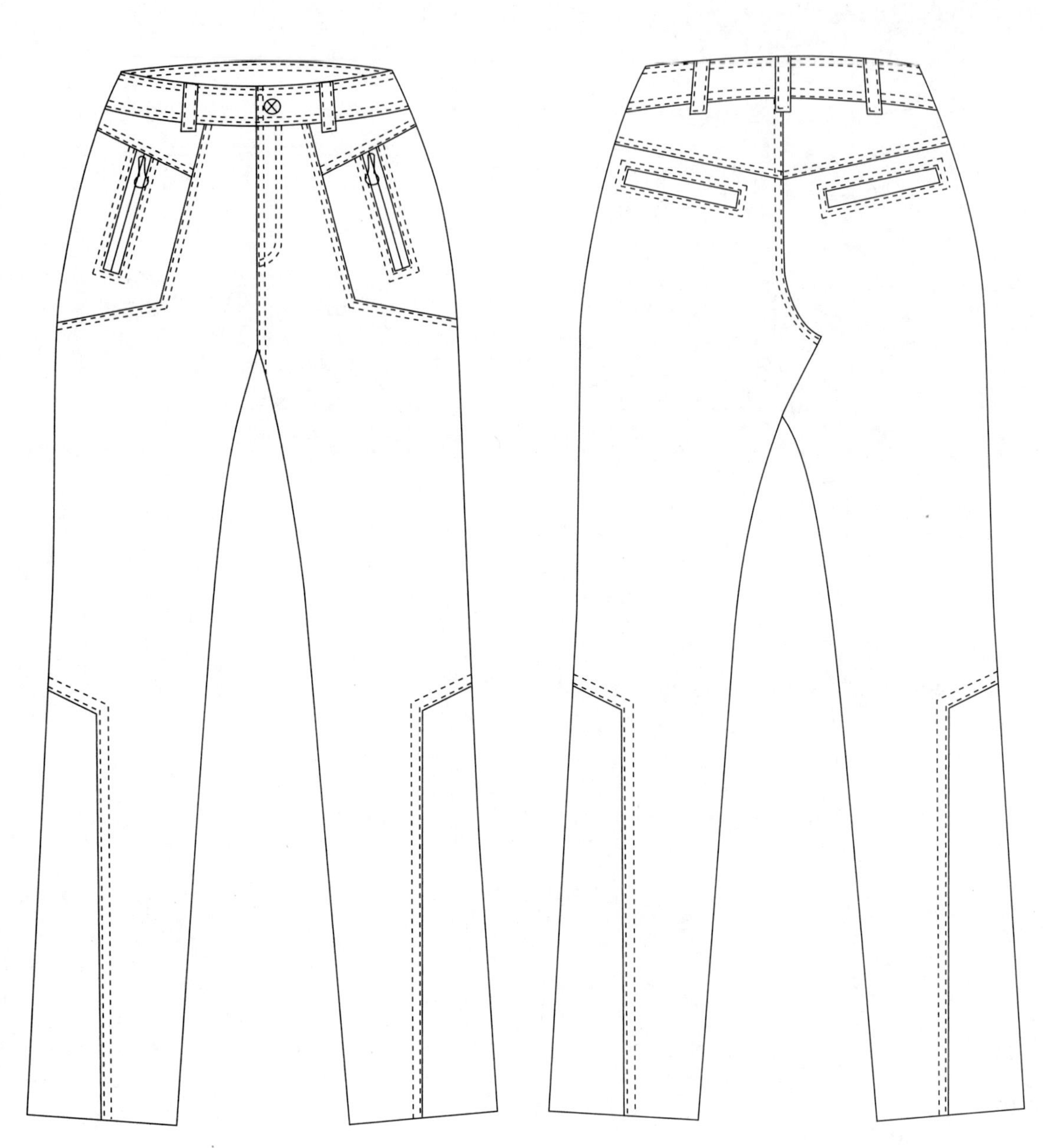

款式29

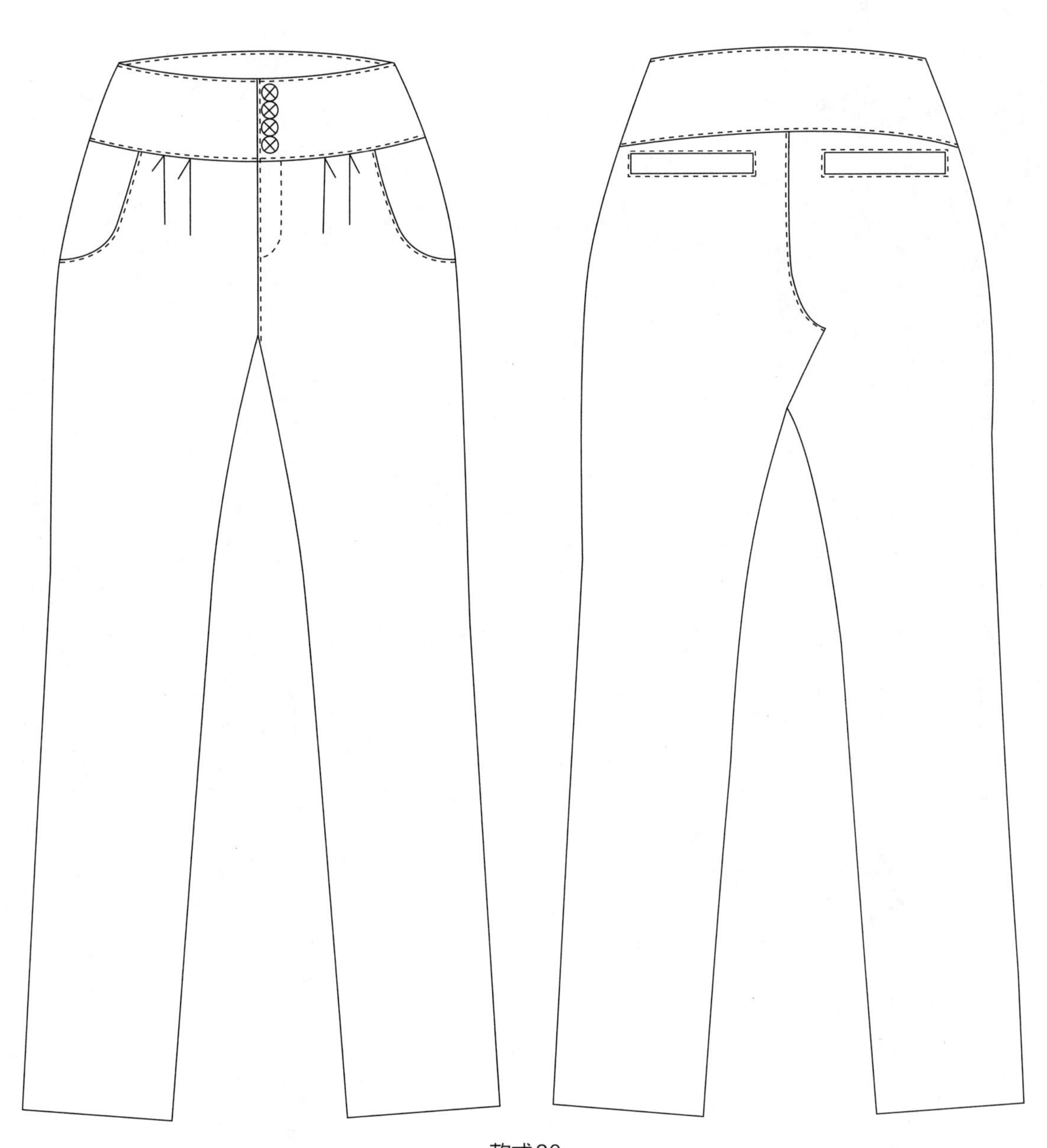

款式30

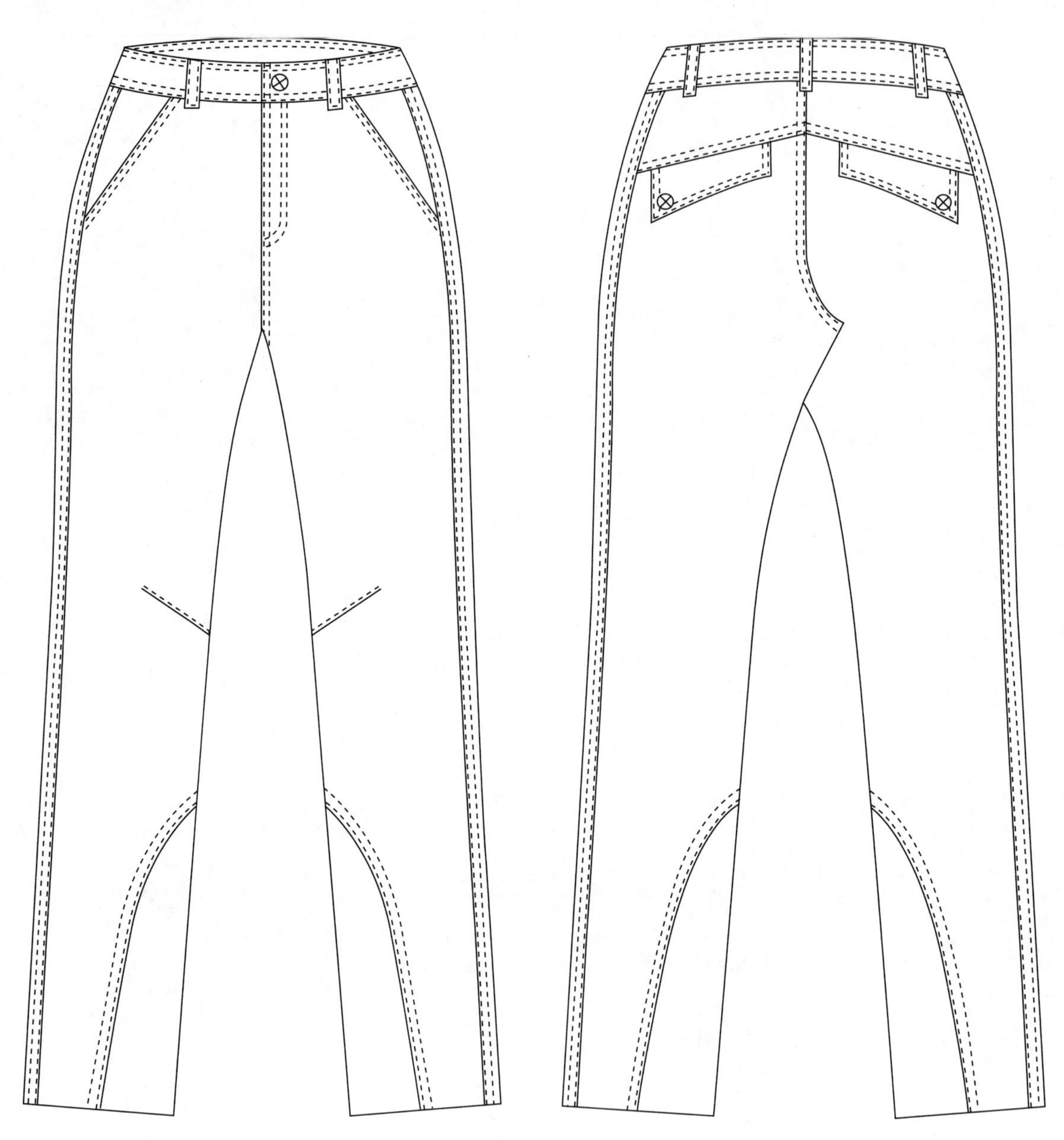

款式31

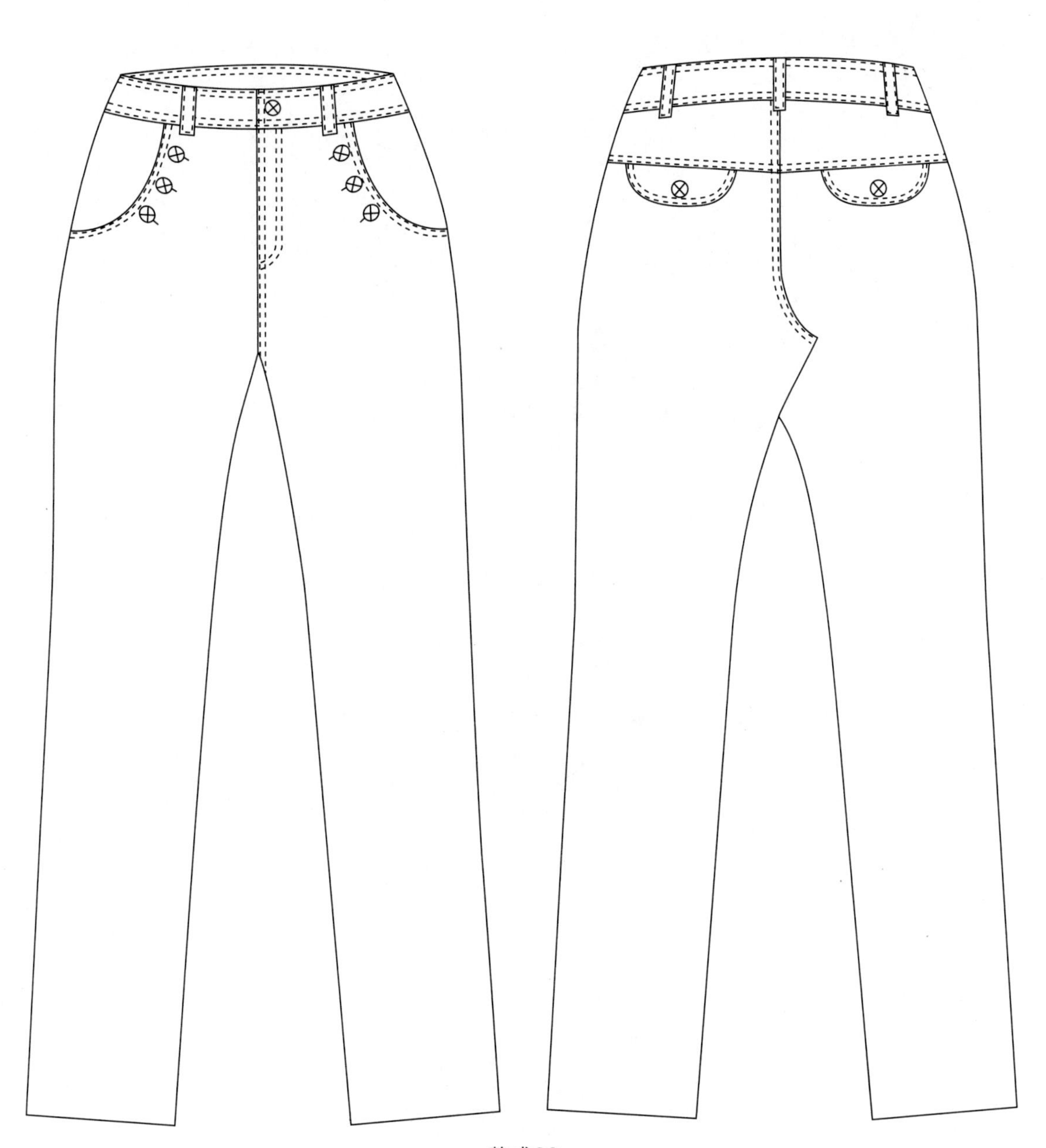

款式32

款式33

款式34

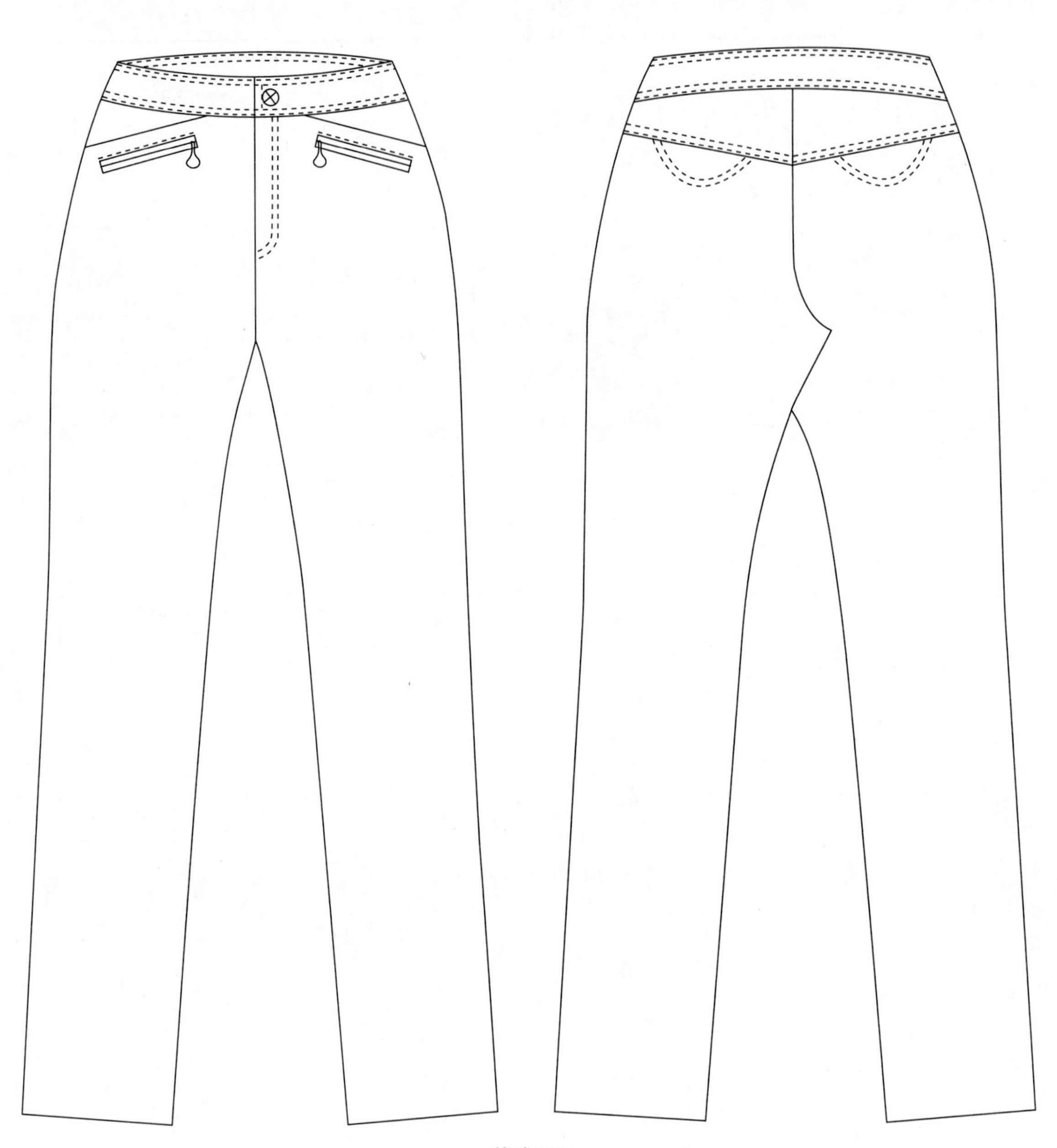

款式35

款式36

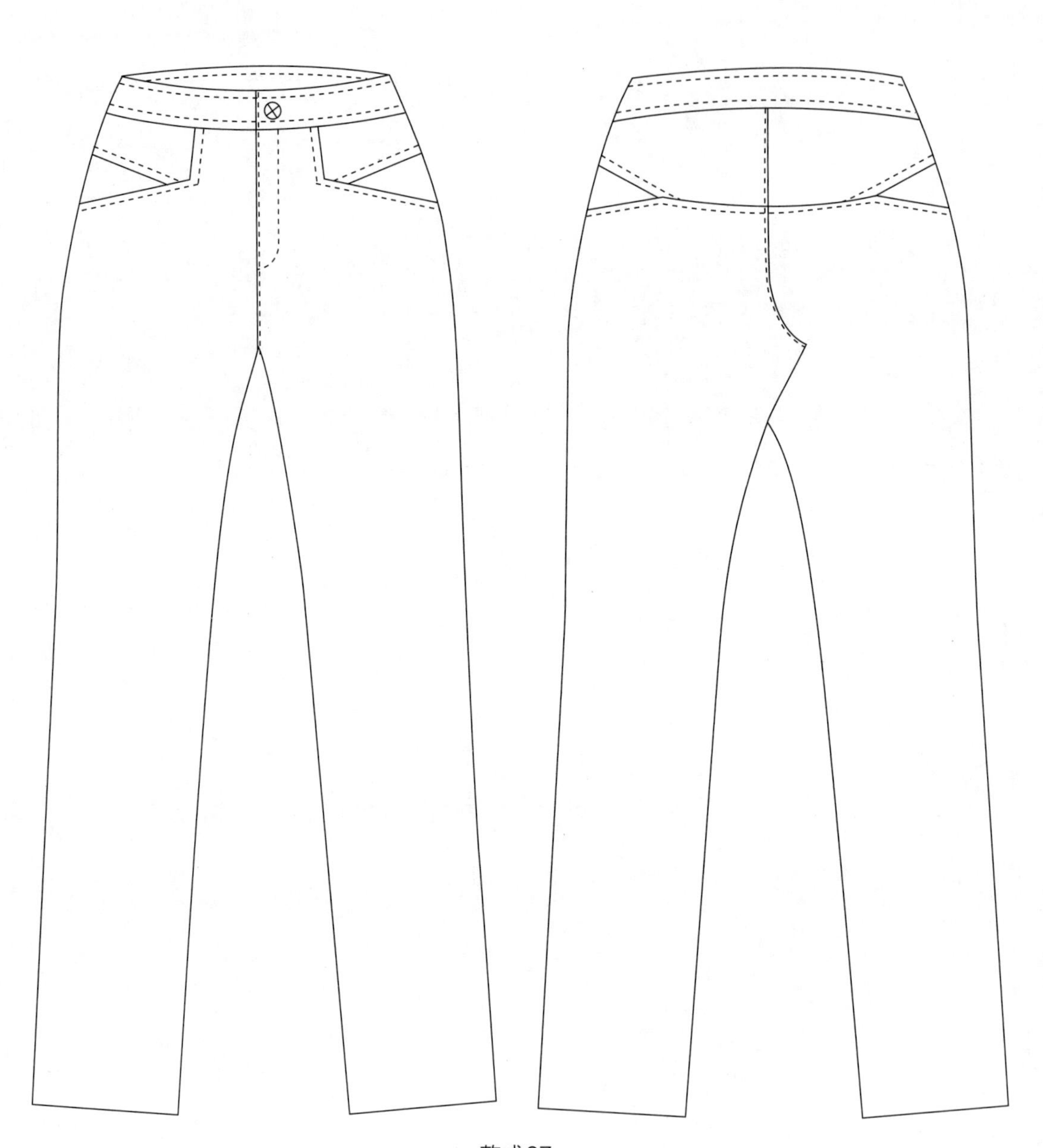

款式37

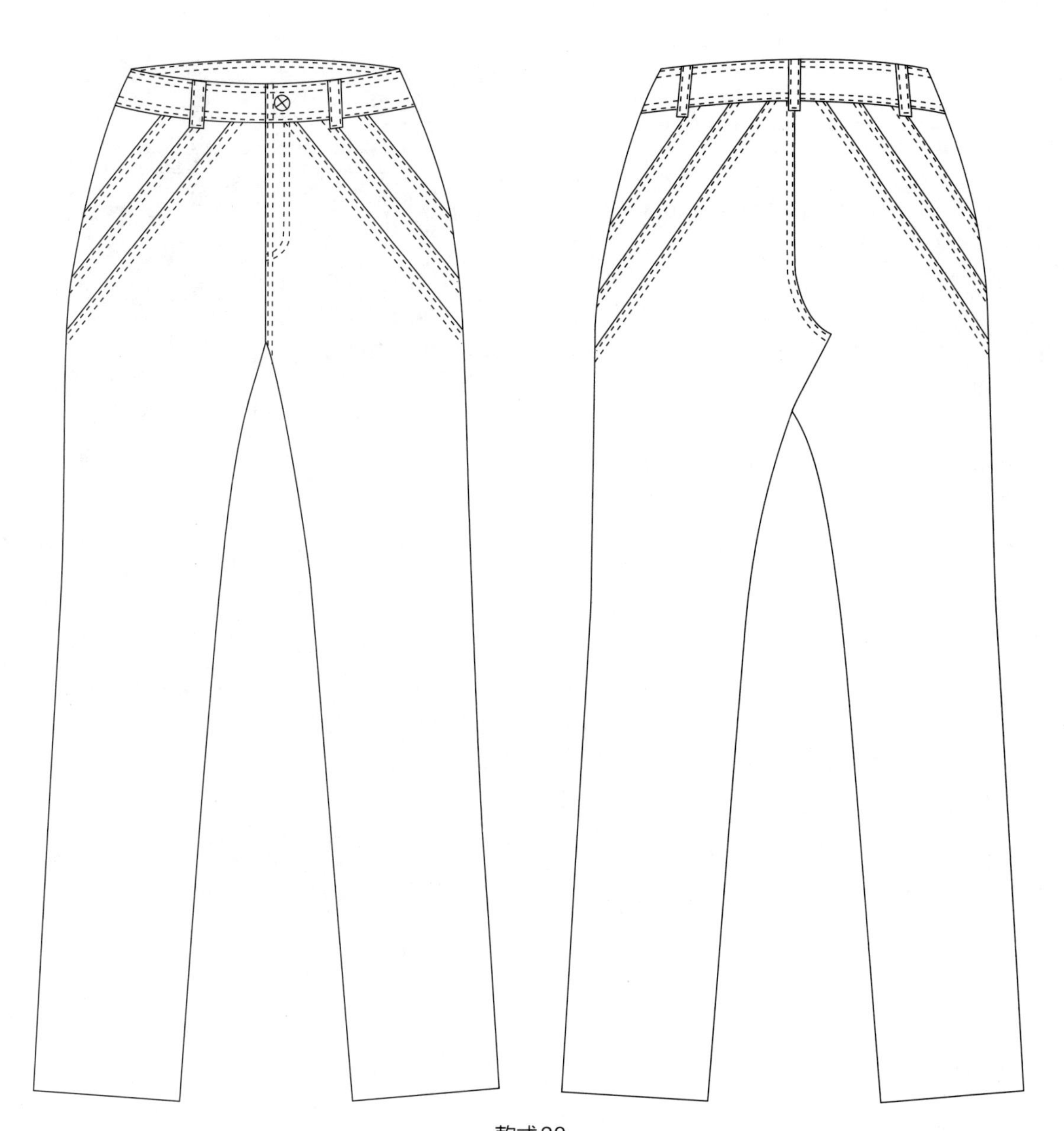

款式38

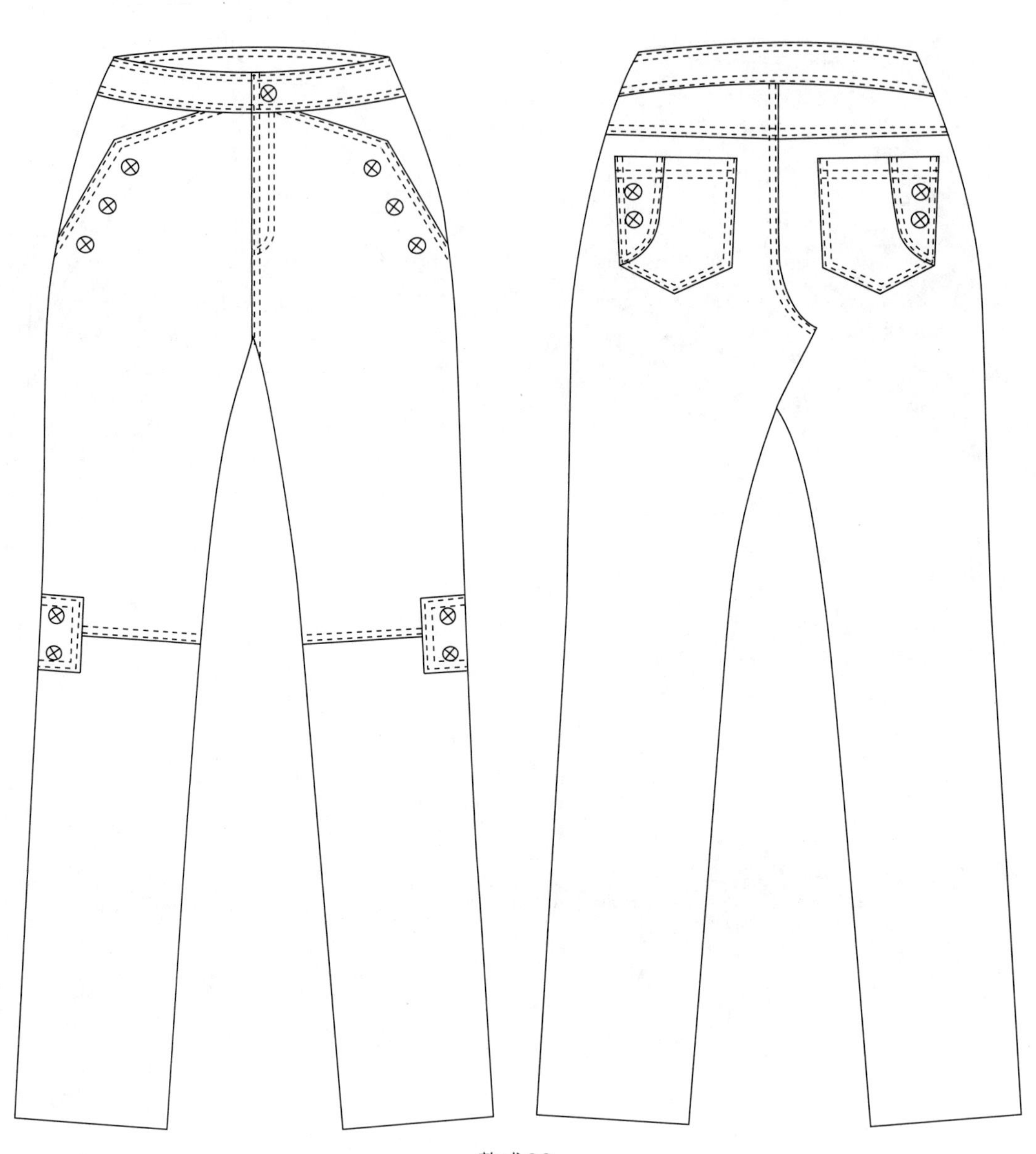

款式39

款式40

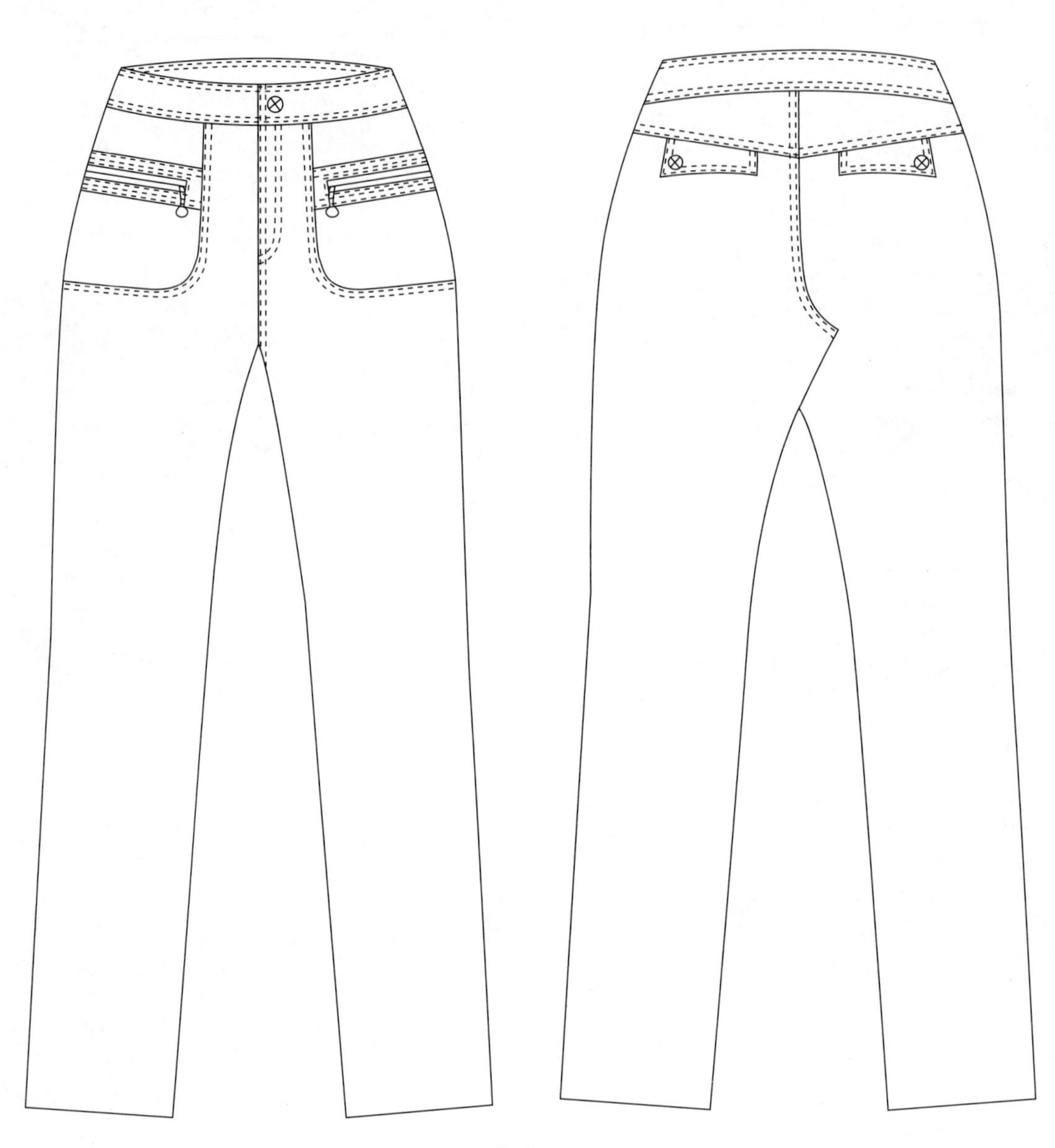

款式41

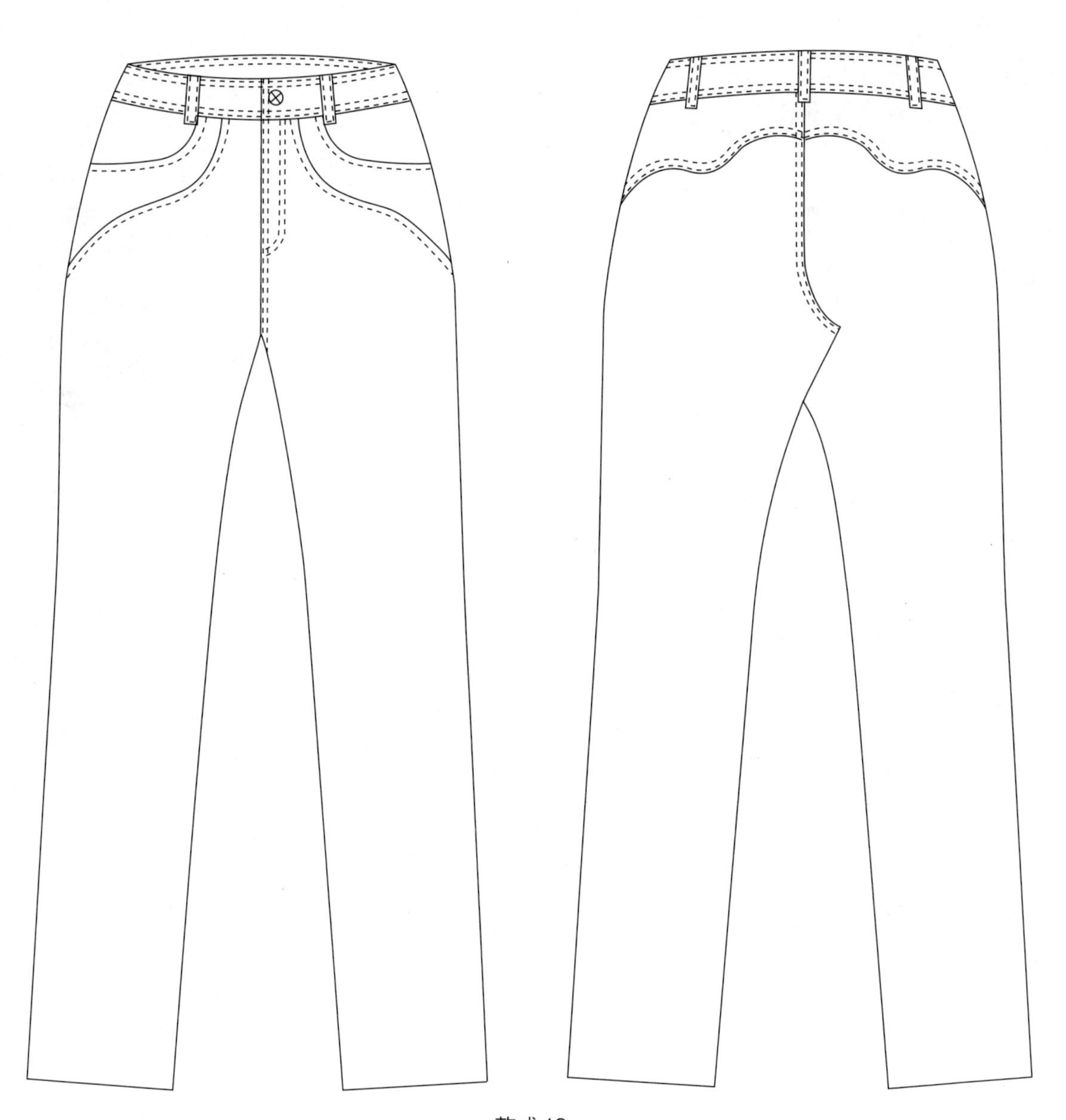

款式42

款式43

款式44

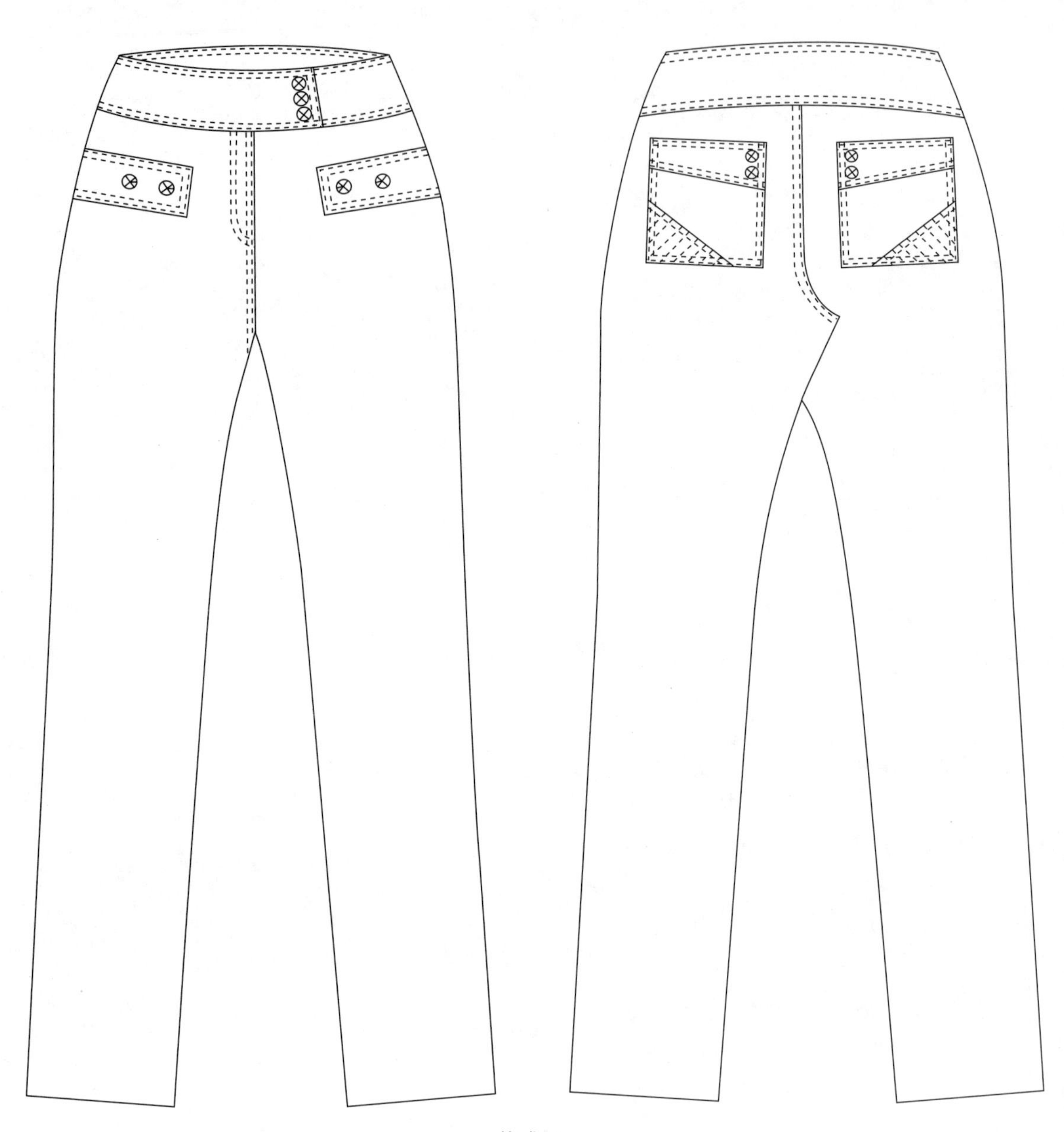

款式45

款式46

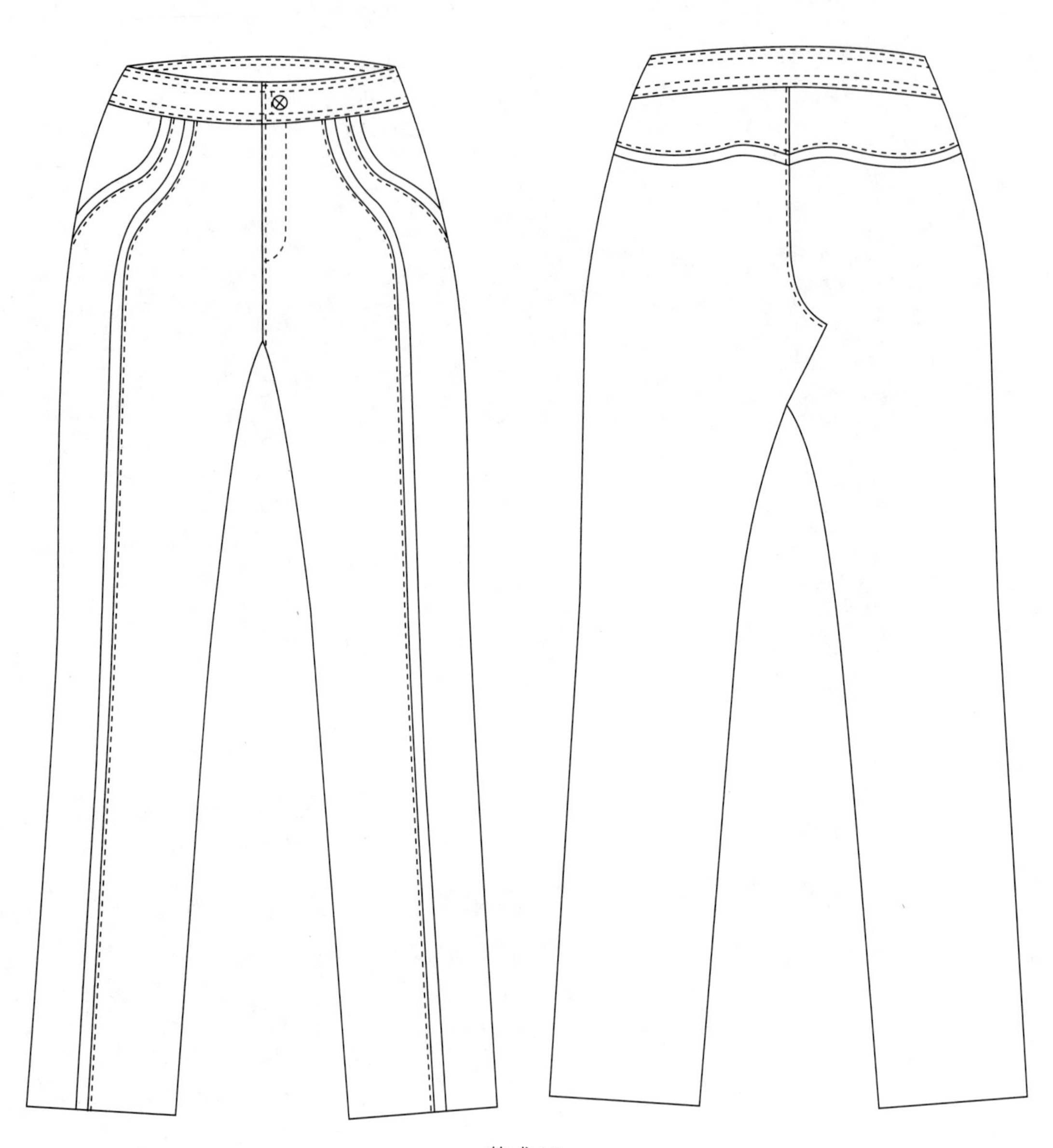

款式47

款式48

款式49

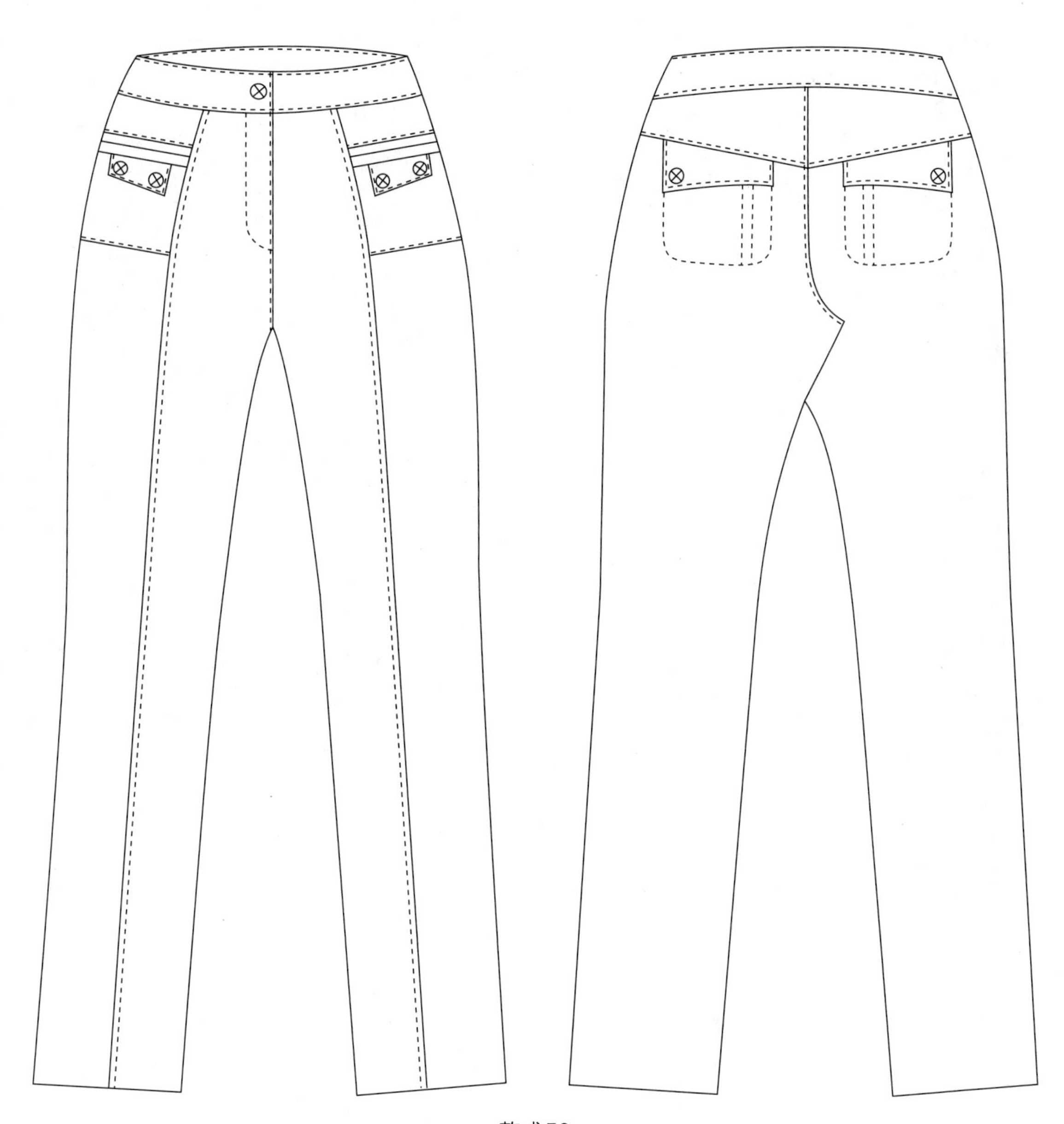

款式50

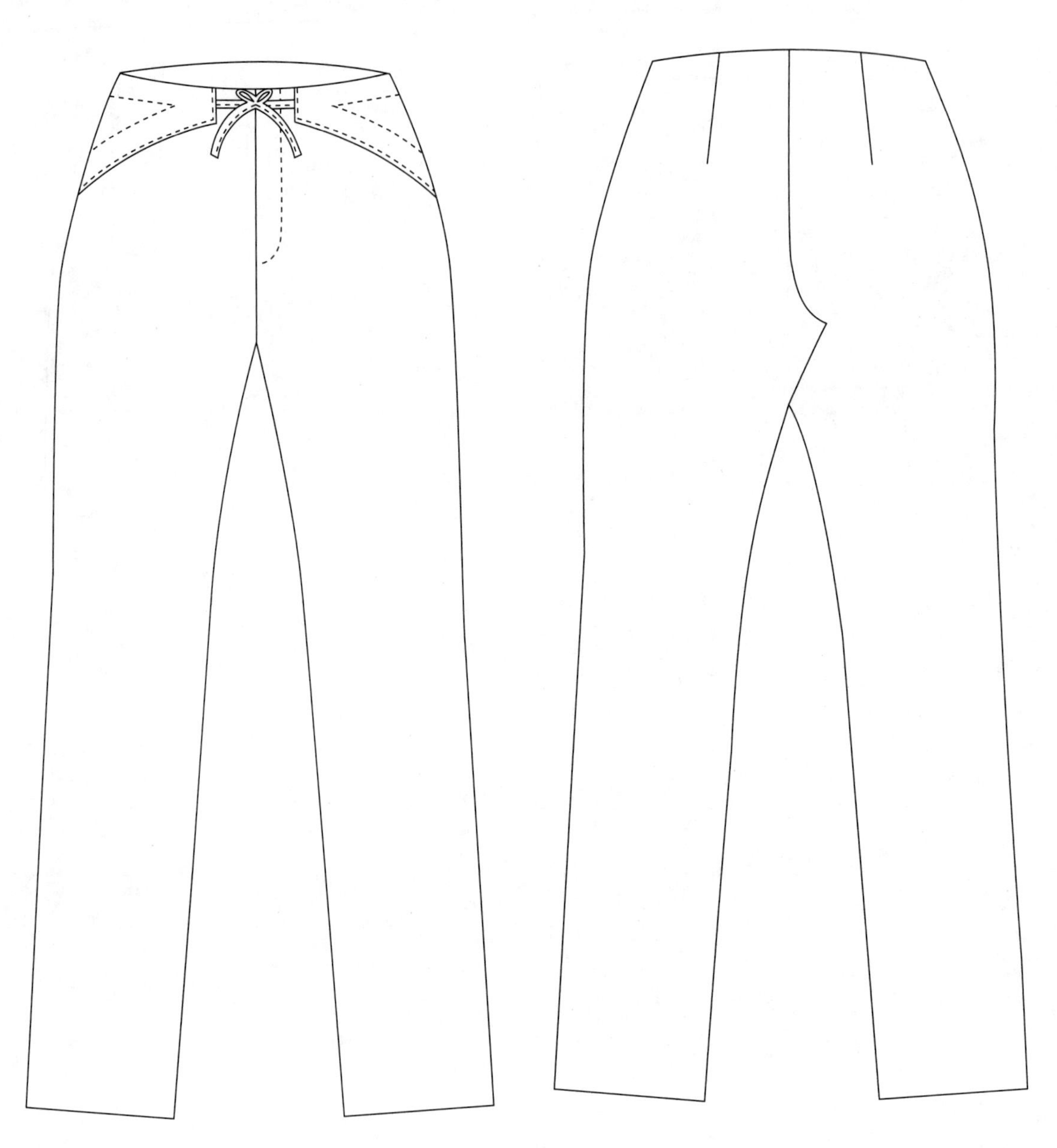

款式51

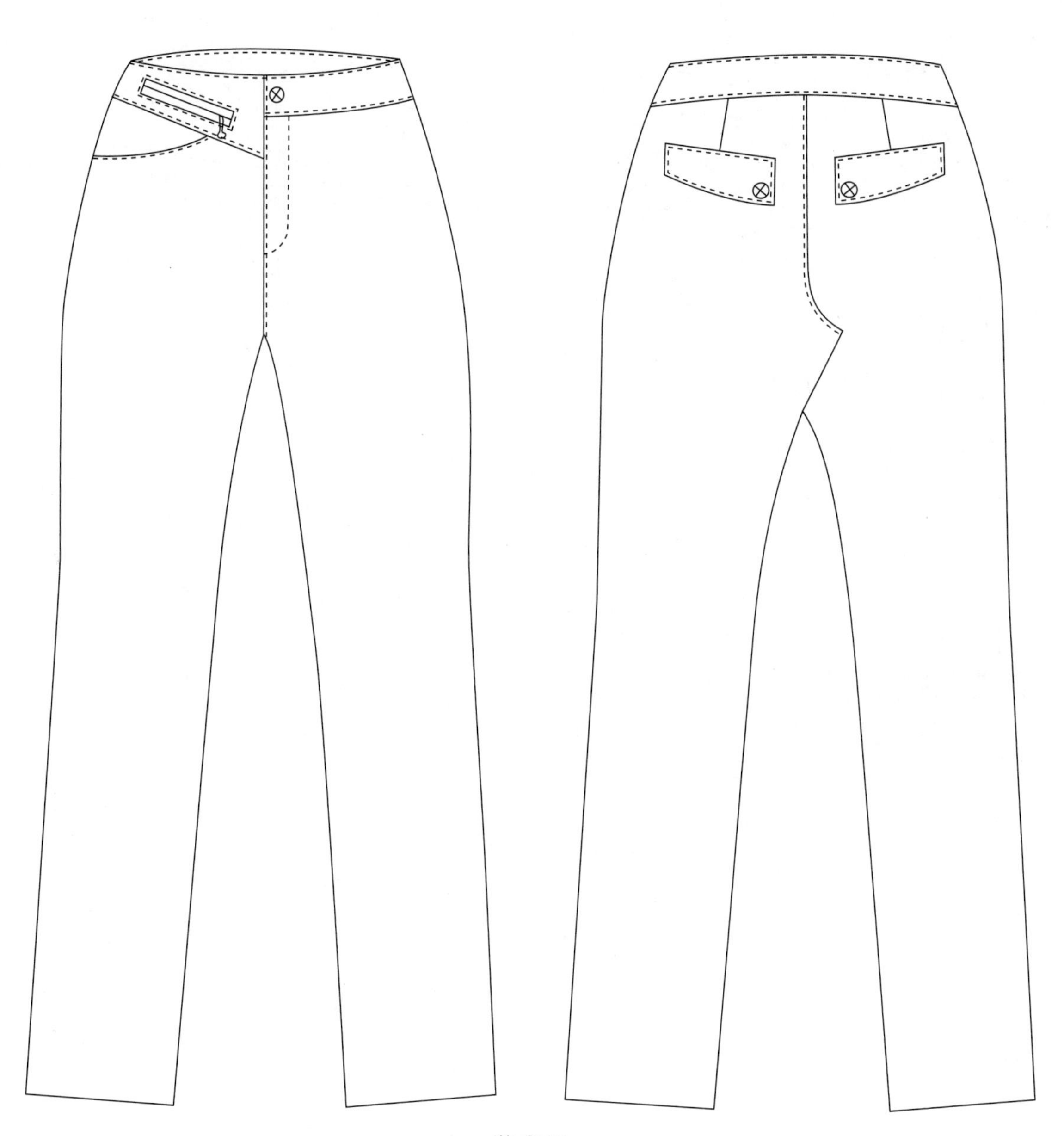

款式52

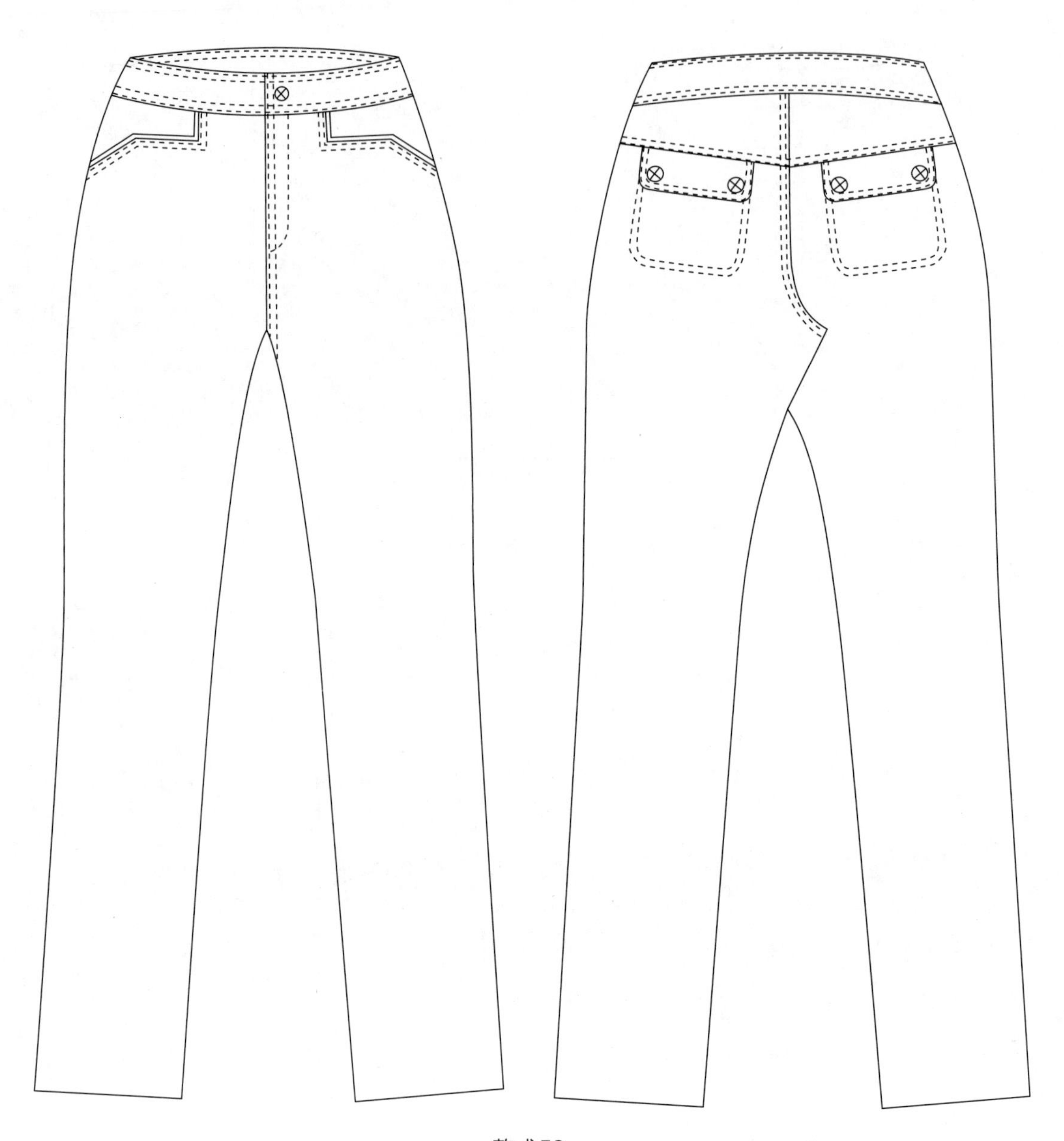

款式53